EUROPA-FACHBUCHREIHE
Kraftfahrzeugtechnik

Formeln Land- und Baumaschinentechnik

Bearbeitet von Gewerbelehrern und Ingenieuren

1. Auflage

AF640936

VERLAG EUROPA-LEHRMITTEL · Nourney, Vollmer GmbH & Co. KG
Düsselberger Straße 23 · 42781 Haan-Gruiten

Europa-Nr.: 20006

Autoren:

Fehr, Andreas	Dipl.-Gwl., Studienrat	Breisach
Fleischlin, Stefan	Eidg. Dipl., Berufsfachschullehrer	Sempach, Schweiz
Friese-Tapmeyer, Joachim	Oberstudienrat a. D.	Hildesheim
Friske, Richard	Oberstudienrat	Hannover
Ganzmann, Herbert	Dipl.-Ingenieur	Häusern im Südschwarzwald
Petersen, Malte	Oberstudienrat	Jübek
Keil, Wolfgang	Oberstudiendirektor a. D.	München
Wimmer, Alois	Oberstudienrat a. D.	Berghülen

Für die großzügige Hilfe und Unterstützung bei der Erstellung der 1. Auflage dieser Formelsammlung bedankt sich der Arbeitskreis Land- und Baumaschinentechnik besonders bei den Autoren des Arbeitskreises Kfz.

Lektorat und Leitung des Arbeitskreises:
Alois Wimmer

Bildbearbeitung:
Zeichenbüro des Verlages Europa-Lehrmittel, Ostfildern

Bildquellen:
AGCO GmbH (Fendt), Marktoberdorf: S. 34/1; S. 38/2
Robert Bosch GmbH: S. 18/4; S. 38/1; S. 59/3
SHERPA Autodiagnostik GmbH, Ampfing: S. 55/2

Den „Formeln Land- und Baumaschinentechnik" wurden die neuesten Ausgaben der DIN-Blätter zugrunde gelegt. Verbindlich sind jedoch die DIN-Blätter selbst.

Die DIN-Blätter können von der Beuth Verlag GmbH, Burggrafenstraße 6, 10787 Berlin, bezogen werden.

1. Auflage 2020
Druck 5 4
Alle Drucke derselben Auflage sind parallel einsetzbar, da sie bis auf die Korrektur von Druckfehlern identisch sind.

ISBN 978-3-7585-2000-6

Bei Fragen zur Produktsicherheit wenden Sie sich bitte an
produktsicherheit@europa-lehrmittel.de.

Alle Rechte vorbehalten. Das Werk ist urheberrechtlich geschützt. Jede Verwertung außerhalb der gesetzlich geregelten Fälle muss vom Verlag schriftlich genehmigt werden.

© 2020 by Verlag Europa-Lehrmittel, Nourney, Vollmer GmbH & Co. KG, 42781 Haan-Gruiten
www.europa-lehrmittel.de

Satz und Layout: Satz+Layout Werkstatt Kluth GmbH, 50374 Erftstadt
Umschlag: braunwerbeagentur, 42477 Radevormwald
Umschlagfotos: AGCO GmbH, Marktoberdorf, Liebherr-Werk Biberach GmbH, Biberach an der Riss, und CLAAS KGaA mbH, Harsewinkel
Druck: Plump Druck und Medien GmbH, 53619 Rheinbreitbach

Grundlagen

Motor

Antriebsstrang – Kraftübertragung

Fahrwerk

Bremsen

Elektrotechnik

Sachwortverzeichnis

Mathematische Zeichen (Auswahl)

Zeichen	Erklärung	Zeichen	Erklärung	Zeichen	Erklärung
...	bis, und so weiter	$\sqrt{a}$	Quadratwurzel aus a	$\cong$	kongruent
=	gleich	· ×	mal (der Punkt steht auf halber Zeilenhöhe)	$\sim$	ähnlich
$\neq$	nicht gleich, ungleich	: / —	durch, geteilt durch, dividiert durch	$\sphericalangle$	Winkel
$\sim$	proportional	%	Prozent, vom Hundert	$\overline{AB}$	Strecke AB
$\approx$	annähernd, nahezu gleich, rund, etwa	‰	Promille, vom Tausend	$\overset{\frown}{AB}$	Bogen AB
$\triangleq$	entspricht	( ) [ ] { }	runde, eckige, geschweifte Klammer auf und zu	Σ	Summe
<	kleiner als	$\parallel$	parallel	e	Eulersche Zahl e = 2,718 281 828...
>	größer als	$\nparallel$	nicht parallel	π	Pi = 3,14159...
$\geq$	größer oder gleich, mindestens gleich	$\perp$	rechtwinklig zu, normal auf, senkrecht auf	∞	unendlich
$\leq$	kleiner oder gleich, höchstens gleich	Δ	Delta, Zeichen für Differenz	log	Logarithmus (allgmein)
+	plus, mehr, und			lg	Zehnerlogarithmus
−	minus, weniger			ln	natürlicher Logarithmus

Umrechnung von früheren Einheiten und SI-Einheiten

Druck	Energie, Arbeit	Leistung
1 at = 1 kp/cm² = 981 mbar	1 kcal = 4186,8 J ≈ 4,2 kJ = 1,16 · 10^{-3} kWh	1 PS = 735 W = 0,735 kW = 735 Nm/s
1 mm WS = 1 kp/m² = 0,098 mbar	1 kpm = 9,81 J = 9,81 Nm	1 kW = 1,36 PS
1 mm Hg = 1 Torr = 1,333 mbar		

Prozentrechnen

p Prozentsatz in %
Er gibt an, wie viel Hundertstel vom Grundwert zu nehmen sind.

G Grundwert
Er ist der Wert auf den man sich beim Prozentrechnen bezieht.

P Prozentwert
Er ist der Teil des Grundwertes, der dem Prozentsatz entspricht. Er hat dieselbe Einheit wie der Grundwert.

E_{max} Endwert (vermehrter Wert) (Grundwert + Prozentwert)

E_{min} Endwert (verminderter Wert) (Grundwert − Prozentwert)

$$E_{max} = G + P$$

$$E_{min} = G - P$$

$$G = \frac{100 \cdot P}{p}$$

$$P = \frac{G \cdot p}{100}$$

$$p = \frac{100 \cdot P}{G}$$

$$G = \frac{100 \cdot E_{max}}{100 + p}$$

$$G = \frac{100 \cdot E_{min}}{100 - p}$$

Zinsrechnen

z Zinsen in €
p Zinssatz in %
k Kapital in €
t Zeit in Jahren oder Zeit in Tagen

1 Zinsjahr	≙ 360 Tage
1 Zinsmonat	≙ 30 Tage

$$k = \frac{100 \cdot z}{p \cdot t}$$

$$p = \frac{100 \cdot z}{k \cdot t}$$

$$t = \frac{100 \cdot z}{k \cdot p}$$

Jahreszins

$$z = \frac{k \cdot p \cdot t}{100}$$

Tageszins

$$z = \frac{k \cdot p \cdot t}{100 \cdot 360}$$

Mischungsrechnen

m Gesamtmenge
m_1 Teilmenge 1
m_2 Teilmenge 2
x Summe der Anteile
x_1 Anteil der Teilmenge 1
x_2 Anteil der Teilmenge 2

$$m_1 = \frac{m \cdot x_1}{x}$$

$$m = \frac{m_1 \cdot x}{x_1}$$

$$x_1 = \frac{m_1 \cdot x}{m}$$

$$x = \frac{m \cdot x_1}{m_1}$$

$$m = m_1 + m_2 + \ldots$$

$$x = x_1 + x_2 + \ldots$$

$$\frac{m}{m_1} = \frac{x}{x_1}$$

Winkelfunktionen

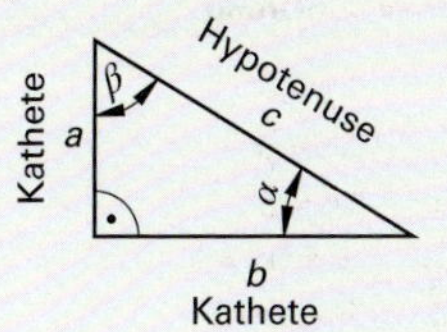

- Die den rechten Winkel bildenden Seiten *a* und *b* heißen Katheten.
- Die dem rechten Winkel gegenüberliegende Seite *c* heißt Hypotenuse.
- Die dem spitzen Winkel α bzw. β anliegende Seite *b* bzw. *a* heißt Ankathete.
- Die dem spitzen Winkel α bzw. β gegenüberliegende Seite *a* bzw. *b* heißt Gegenkathete.

Die Seitenverhältnisse im rechtwinkligen Dreieck werden Winkelfunktionen bzw. trigonometrische Funktionen genannt.

$$\text{Sinus} = \frac{\text{Gegenkathete}}{\text{Hypotenuse}}$$

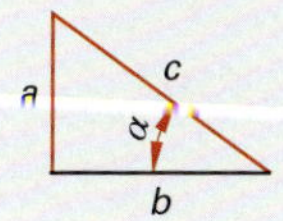

$\sin\alpha = \frac{a}{c}$, $a = c \cdot \sin\alpha$, $c = \frac{a}{\sin\alpha}$

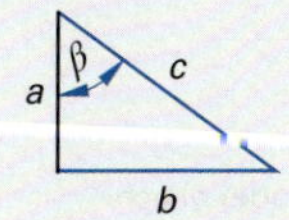

$\sin\beta = \frac{b}{c}$, $b = c \cdot \sin\beta$, $c = \frac{b}{\sin\beta}$

$$\text{Cosinus} = \frac{\text{Ankathete}}{\text{Hypotenuse}}$$

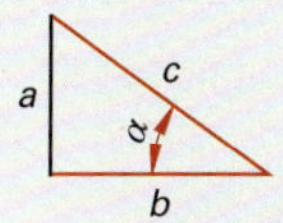

$\cos\alpha = \frac{b}{c}$, $b = c \cdot \cos\alpha$, $c = \frac{b}{\cos\alpha}$

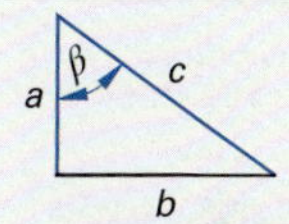

$\cos\beta = \frac{a}{c}$, $a = c \cdot \cos\beta$, $c = \frac{a}{\cos\beta}$

$$\text{Tangens} = \frac{\text{Gegenkathete}}{\text{Ankathete}}$$

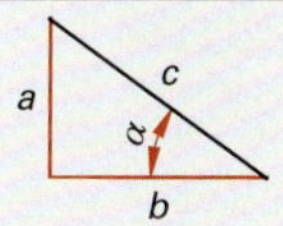

$\tan\alpha = \frac{a}{b}$, $a = b \cdot \tan\alpha$, $b = \frac{a}{\tan\alpha}$

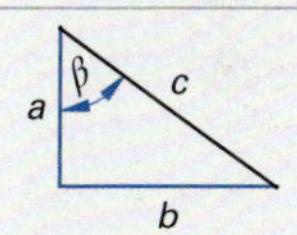

$\tan\beta = \frac{b}{a}$, $b = a \cdot \tan\beta$, $a = \frac{b}{\tan\beta}$

$$\text{Cotangens} = \frac{\text{Ankathete}}{\text{Gegenkathete}}$$

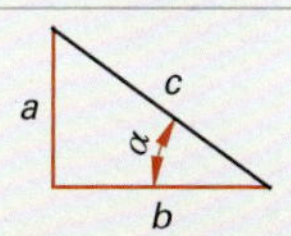

$\cot\alpha = \frac{b}{a}$, $b = a \cdot \cot\alpha$, $a = \frac{b}{\cot\alpha}$

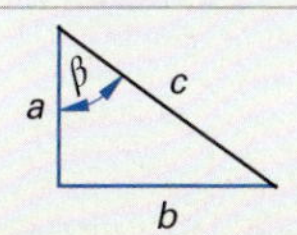

$\cot\beta = \frac{a}{b}$, $a = b \cdot \cot\beta$, $b = \frac{a}{\cot\beta}$

Berechnung von Winkelfunktionen mit dem Taschenrechner (Beispiele)

Beispiel: a = 10 cm; c = 50 cm; α = ? *Lösung:* $\sin\alpha = a : c$ = 10 cm : 50 cm = **0,2**

10 ÷ 50 = 0,2 (SHIFT ; 2ND ; INV) SIN ⇒ 11,536 96° (SHIFT ; 2ND ; INV) ° ′ ″ ⇒ **11° 32′ 13″**

Winkelfunktionen am Einheitskreis

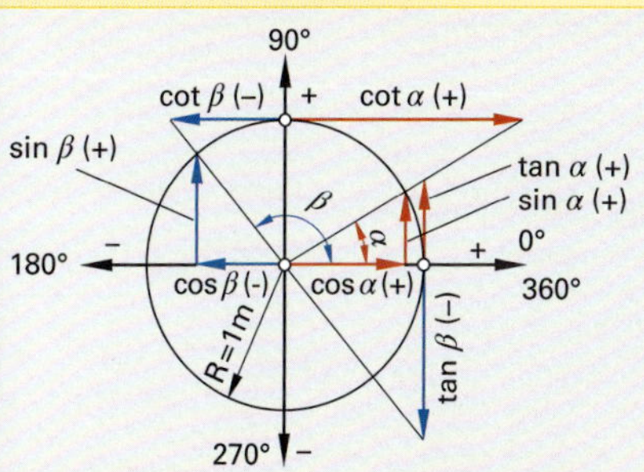

Besondere Winkelfunktionswerte

Funktion \ Winkel α	0°	30°	45°	60°	90°
Sinus α	0	$\frac{1}{2}$	$\frac{1}{2}\sqrt{2}$	$\frac{1}{2}\sqrt{3}$	1
Cosinus α	1	$\frac{1}{2}\sqrt{3}$	$\frac{1}{2}\sqrt{2}$	$\frac{1}{2}$	0
Tangens α	0	$\frac{1}{3}\sqrt{3}$	1	$\sqrt{3}$	∞
Cotangens α	∞	$\sqrt{3}$	1	$\frac{1}{3}\sqrt{3}$	0

Winkelfunktionen im schiefwinkligen Dreieck

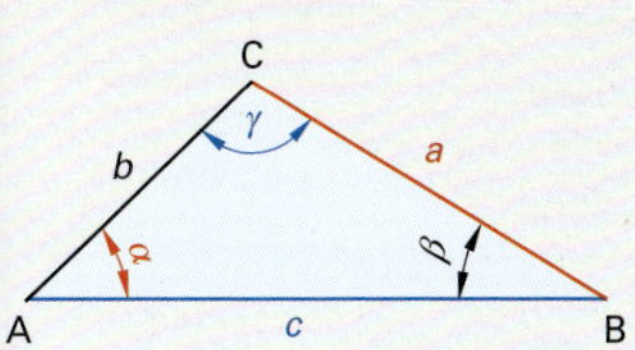

a, b, c Seitenlängen (mm)
α, β, γ Winkel, die jeweils den Seiten a, b, c gegenüber liegen (°)

Sinussatz

$$\frac{a}{\sin\alpha} = \frac{b}{\sin\beta} = \frac{c}{\sin\gamma}$$

Kosinussatz

$$a^2 = b^2 + c^2 - 2 \cdot b \cdot c \cdot \cos\alpha$$
$$b^2 = a^2 + c^2 - 2 \cdot a \cdot c \cdot \cos\beta$$
$$c^2 = a^2 + b^2 - 2 \cdot a \cdot b \cdot \cos\gamma$$

Längenteilungen

	Teilung p Lochabstand	Teilungszahl n Lochzahl	Teilungslänge l
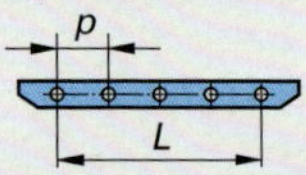	$p = \frac{L}{n-1}$	$n = \frac{L}{p} + 1$	$L = p \cdot (n-1)$
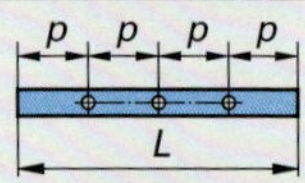	$p = \frac{L}{n+1}$	$n = \frac{L}{p} - 1$	$L = p \cdot (n+1)$
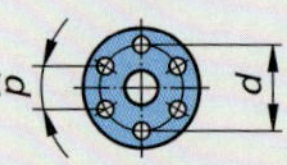	$p = \frac{\pi \cdot d}{n}$	$n = \frac{\pi \cdot d}{p}$	$L = U = n \cdot p$ $L = U = \pi \cdot d$

Kettenlänge

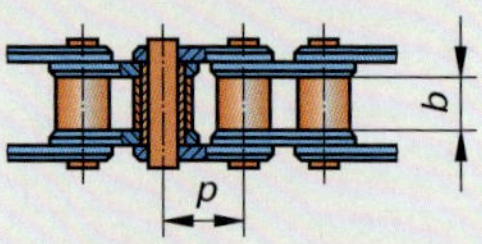	L Kettenlänge p Teilung b Gliederbreite (Innenglied) X Gliederzahl	$L = p \cdot X$ $p = \frac{L}{X}$ $X = \frac{L}{p}$

Gebogene Längen

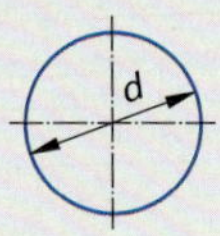	U Umfang d Durchmesser	$U = \pi \cdot d$ $d = \frac{U}{\pi}$
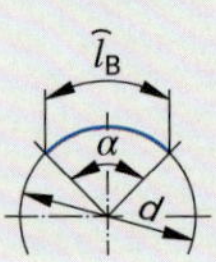	l_B Bogenlänge d Durchmesser α Mittelpunktswinkel in °	$l_B = \frac{\pi \cdot d \cdot \alpha}{360°}$ $\alpha = \frac{360° \cdot l_B}{\pi \cdot d}$ $d = \frac{360° \cdot l_B}{\pi \cdot \alpha}$
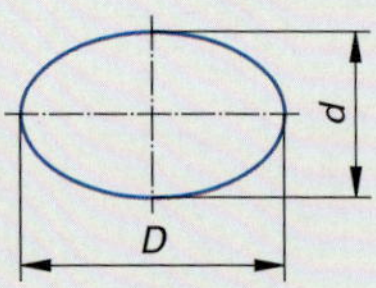	U Umfang D Durchmesser d Durchmesser R Radius r Radius	$U \approx \pi \cdot \frac{D+d}{2}$ $D \approx \frac{2 \cdot U}{\pi} - d$ $d \approx \frac{2 \cdot U}{\pi} - D$ genauer: $U = \pi \cdot \sqrt{2 \cdot (R^2 + r^2)}$
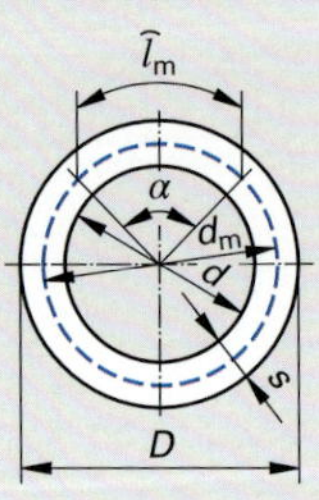	l_m gestreckte Länge, Länge der neutralen Faser d_m mittlerer Durchmesser D Außendurchmesser d Innendurchmesser α Mittelpunktswinkel in ° s Werkstoffdicke U_m mittlerer Umfang	$l_m = \frac{\pi \cdot d_m \cdot \alpha}{360°}$ $U_m = \pi \cdot d_m$ $d_m = \frac{D+d}{2}$ $d_m = D - s$ $d_m = d + s$

Lehrsatz des Pythagoras

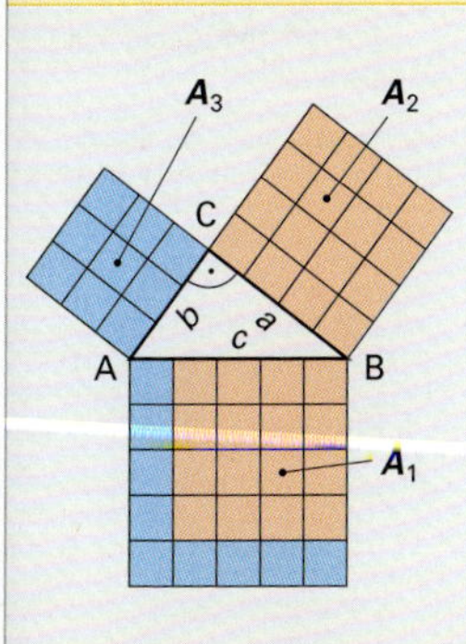

Beim rechtwinkligen Dreieck ist die Fläche des Hypotenusenquadrates gleich der Summe der Flächen der beiden Kathetenquadrate.

c	Hypotenuse – die dem rechten Winkel gegenüberliegende Seite
a, b	Katheten – die den rechten Winkel bildenden Seiten
A_1, A_2, A_3	Flächen

$$A_1 = A_2 + A_3$$

$$c^2 = a^2 + b^2$$

$$c = \sqrt{a^2 + b^2}$$
$$a = \sqrt{c^2 - b^2}$$
$$b = \sqrt{c^2 - a^2}$$

Regelmäßige Vielecke

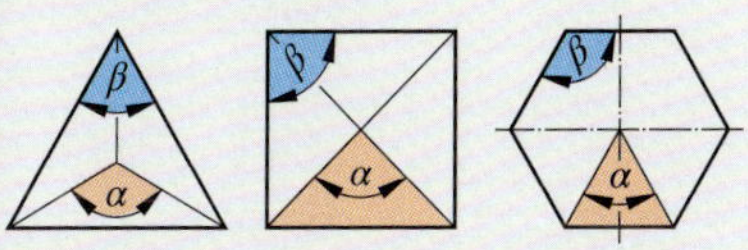

Für regelmäßige Vielecke gilt:

Innenwinkel $\alpha = \frac{360°}{n}$

Außenwinkel $\beta = \frac{(n-2) \cdot 180°}{n}$ $\beta = 180° - \alpha$

n **Anzahl der Ecken**

Regelmäßiges Vieleck *n* Anzahl der Ecken	Umkreis-∅ *D* Eckenmaß *e*	Innenkreis-∅ *d* Schlüsselweite *SW*	Seitenlänge *l* Umfang *U*	Gesamtfläche *A*
Dreieck $n = 3$ 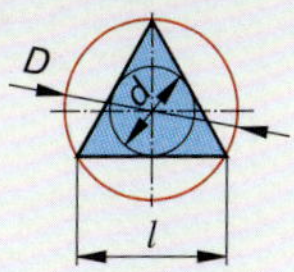	$D = 1{,}154 \cdot l$ $D = 2 \cdot d$	$d = 0{,}578 \cdot l$ $d = 0{,}5 \cdot D$	$l = 0{,}866 \cdot D$ $l = 1{,}730 \cdot d$ $\boldsymbol{U = l \cdot n}$	$A = 0{,}325 \cdot D^2$ $A = 1{,}299 \cdot d^2$ $A = 0{,}433 \cdot l^2$
Quadrat $n = 4$ 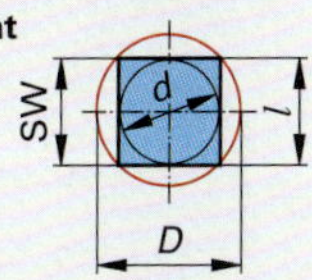	$D = 1{,}414 \cdot l$ $D = 1{,}414 \cdot d$ $\boldsymbol{D = e}$	$d = l$ $d = 0{,}707 \cdot D$ $\boldsymbol{d = SW}$	$l = 0{,}707 \cdot D$ $l = d$ $\boldsymbol{U = l \cdot n}$	$A = 0{,}5 \cdot D^2$ $A = d^2$ $A = l^2$
Sechseck $n = 6$ 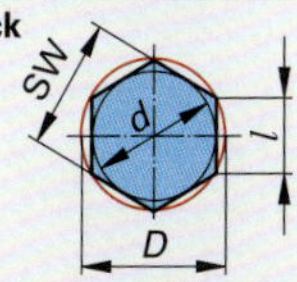	$D = 2 \cdot l$ $D = 1{,}155 \cdot d$ $\boldsymbol{D = e}$	$d = 1{,}732 \cdot l$ $d = 0{,}866 \cdot D$ $\boldsymbol{d = SW}$	$l = 0{,}5 \cdot D$ $l = 0{,}577 \cdot d$ $\boldsymbol{U = l \cdot n}$	$A = 0{,}649 \cdot D^2$ $A = 0{,}866 \cdot d^2$ $A = 2{,}598 \cdot l^2$
Achteck $n = 8$ 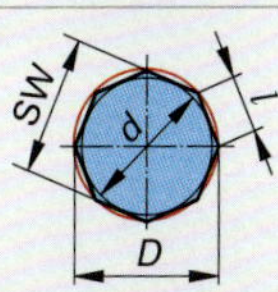	$D = 2{,}614 \cdot l$ $D = 1{,}082 \cdot d$ $\boldsymbol{D = e}$	$d = 2{,}414 \cdot l$ $d = 0{,}924 \cdot D$ $\boldsymbol{d = SW}$	$l = 0{,}383 \cdot D$ $l = 0{,}414 \cdot d$ $\boldsymbol{U = l \cdot n}$	$A = 0{,}707 \cdot D^2$ $A = 0{,}829 \cdot d^2$ $A = 4{,}828 \cdot l^2$
Zwölfeck $n = 12$ 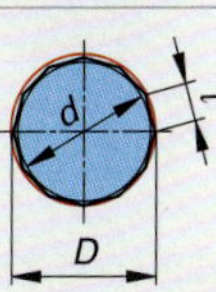	$D = 3{,}864 \cdot l$ $D = 1{,}035 \cdot d$ $\boldsymbol{D = e}$	$d = 3{,}732 \cdot l$ $d = 0{,}966 \cdot D$ $\boldsymbol{d = SW}$	$l = 0{,}259 \cdot D$ $l = 0{,}268 \cdot d$ $\boldsymbol{U = l \cdot n}$	$A = 0{,}750 \cdot D^2$ $A = 0{,}804 \cdot d^2$ $A = 11{,}196 \cdot l^2$

Geradlinig begrenzte Flächen		
Quadrat $b = l$ 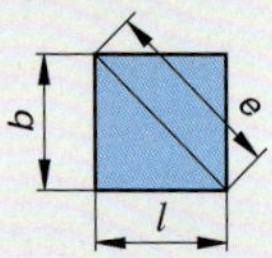	$l = \sqrt{A}$ $\quad b = l$ $e = \sqrt{2 \cdot l^2} = 1{,}414 \cdot l$ $l = \frac{e}{1{,}414} = 0{,}707 \cdot e$ $\quad U = 4 \cdot l$	$A = l^2$
Rhombus (Raute) 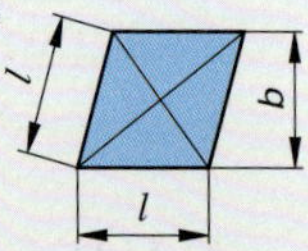	$l = \frac{A}{b}$ $b = \frac{A}{l}$ $U = 4 \cdot l$	$A = l \cdot b$
Rechteck 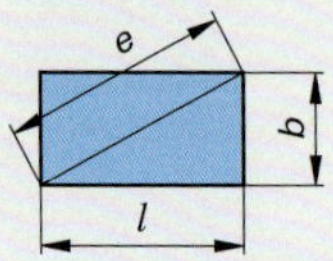	$b = \frac{A}{l}$ $\quad l = \frac{A}{b}$ $\quad l = \frac{U - 2 \cdot b}{2}$ $e = \sqrt{l^2 + b^2}$ $\quad b = \frac{U - 2 \cdot l}{2}$ $U = 2 \cdot l + 2 \cdot b$	$A = l \cdot b$
Rhomboid (Parallelogramm) 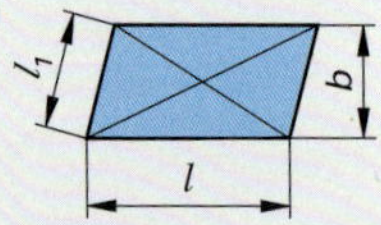	$l = \frac{A}{b}$ $\quad l = \frac{U - 2 \cdot l_1}{2}$ $b = \frac{A}{l}$ $\quad l_1 = \frac{U - 2 \cdot l}{2}$ $U = 2 \cdot l + 2 \cdot l_1$	$A = l \cdot b$
Dreieck 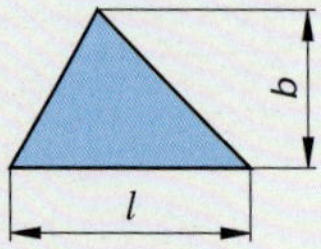	$l = \frac{2 \cdot A}{b}$ $b = \frac{2 \cdot A}{l}$ U = Summe aller Seiten	$A = \frac{l \cdot b}{2}$
Trapez 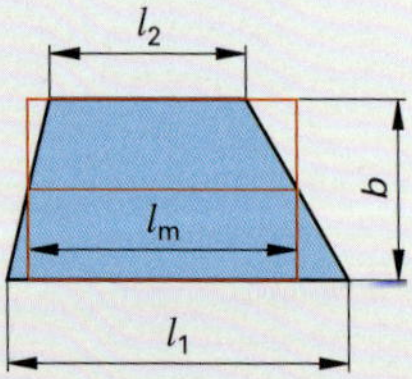	$l_1 = \frac{2 \cdot A}{b} - l_2$ $\quad b = \frac{2 \cdot A}{l_1 + l_2}$ $l_2 = \frac{2 \cdot A}{b} - l_1$ $\quad l_m = \frac{l_1 + l_2}{2}$ $l_1 = 2 \cdot l_m - l_2$ $\quad l_2 = 2 \cdot l_m - l_1$ U = Summe aller Seiten	$A = \frac{l_1 + l_2}{2} \cdot b$ $A = l_m \cdot b$
Vieleck (regelmäßig) 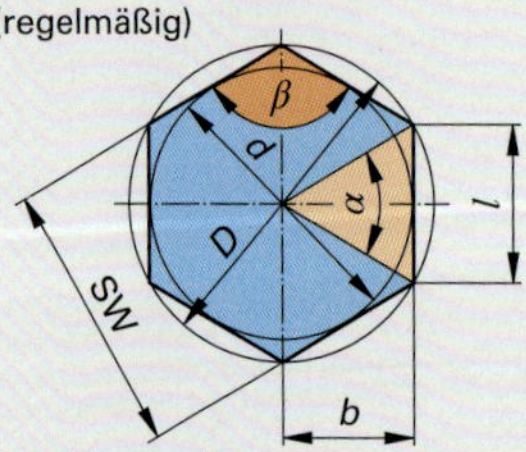 α Innenwinkel β Außenwinkel SW Schlüsselweite D Umkreisdurchmesser d Inkreisdurchmesser	$\alpha = \frac{360°}{n}$ $\beta = \frac{(n-2) \cdot 180°}{n}$ $\beta = 180° - \alpha$ $l = D \cdot \sin\left(\frac{180°}{n}\right)$ $l = D \cdot \sin\frac{\alpha}{2}$ $d = \sqrt{D^2 - l^2}$ $b = \frac{SW}{2} = \frac{d}{2}$ $\quad U = l \cdot n$	$A = \frac{l \cdot b}{2} \cdot n$ $A = \frac{n \cdot l \cdot d}{4}$ A Gesamtfläche d Inkreisdurchmesser n Anzahl der Ecken l Seitenlänge b Breite
A Fläche $\quad l$ Länge $\quad l_m$ mittlere Länge $\quad b$ Breite $\quad U$ Umfang $\quad e$ Eckmaß		

Kreisförmig oder bogenförmig begrenzte Flächen

Kreis

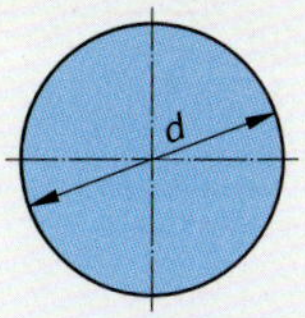

$d = \sqrt{\frac{4 \cdot A}{\pi}} = \sqrt{\frac{A}{0{,}785}}$

$r = \sqrt{\frac{A}{\pi}}$

$U = \pi \cdot d$

$$A = \frac{\pi \cdot d^2}{4}$$

$A = 0{,}785 \cdot d^2$

$A = \pi \cdot r^2$

Kreisring

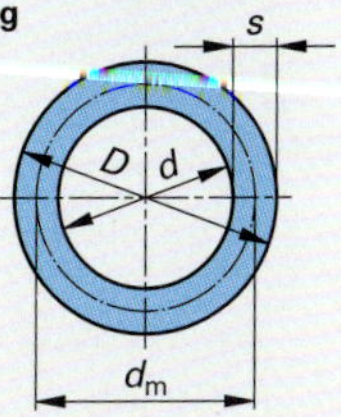

$D = \sqrt{d^2 + \frac{4 \cdot A}{\pi}}$

$d = \sqrt{D^2 - \frac{4 \cdot A}{\pi}}$

$A_1 = \frac{\pi \cdot d^2}{4}$

$A_2 = \frac{\pi \cdot D^2}{4}$

$$A = \frac{\pi}{4} \cdot (D^2 - d^2)$$

$A = \pi \cdot d_m \cdot s$

$A = A_2 - A_1$

Kreisausschnitt
(Sektor)

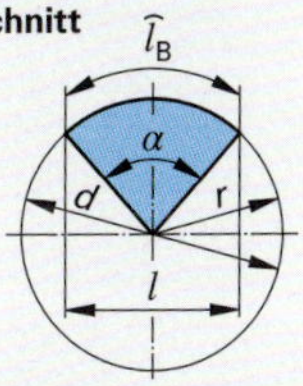

$l = 2 \cdot r \cdot \sin\frac{\alpha}{2}$

$l_B = \frac{\pi \cdot d \cdot \alpha}{360°}$

$U = l_B + 2 \cdot r$

l_B Bogenlänge

α Mittelpunktswinkel

$$A = \frac{l_B \cdot r}{2}$$

$A = \frac{\pi \cdot d^2}{4} \cdot \frac{\alpha}{360°}$

Kreisabschnitt
(Segment)

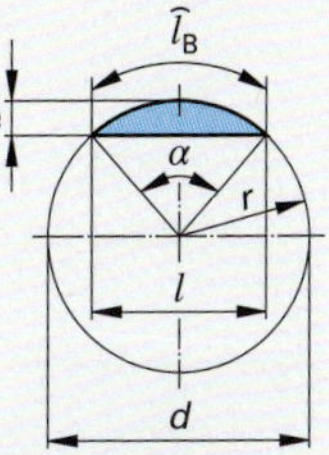

$l_B = \frac{\pi \cdot d \cdot \alpha}{360°}$

$b = r - \sqrt{r^2 - l^2/4}$

$b = \frac{l}{2} \cdot \tan\frac{\alpha}{4}$

$l = 2 \cdot \sqrt{2 \cdot b \cdot r - b^2}$

$l = 2 \cdot r \cdot \sin\frac{\alpha}{2}$

$r = \frac{b}{2} + \frac{l^2}{8 \cdot b}$ $\qquad r = \frac{2 \cdot A - b \cdot l}{l_B - l}$

$U = l + l_B$

l Länge (Sehne)

b Breite (Bogenhöhe)

$$A = \frac{l_B \cdot r - l \cdot (r - b)}{2}$$

$A = \frac{\pi \cdot d^2}{4} \cdot \frac{\alpha}{360°} - \frac{l \cdot (r - b)}{2}$

$A \approx \frac{2 \cdot l \cdot b}{3}$

Ellipse

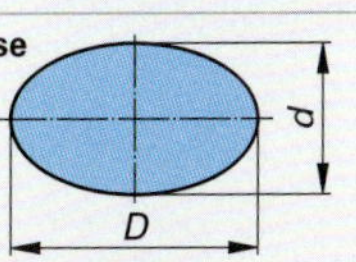

D große Achse
d kleine Achse

$D = \frac{4 \cdot A}{\pi \cdot d}$ $\qquad d = \frac{4 \cdot A}{\pi \cdot D}$

$U \approx \pi \cdot \frac{D + d}{2}$

genauer:

$U \approx \pi \cdot \sqrt{2 \cdot (R^2 + r^2)}$

$$A = \frac{\pi \cdot D \cdot d}{4}$$

Zusammengesetzte Flächen

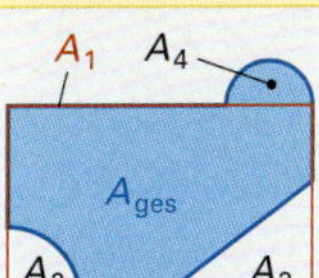

Zusammengesetzte Flächen werden zur Berechnung ihrer Gesamtfläche in Teilflächen zerlegt.

Durch Addition und Subtraktion der Teilflächen erhält man die Gesamtfläche.

$A_{ges} = A_1 - A_2 - A_3 + A_4$

Allgemein gilt:

$$A_{ges} = A_1 \pm A_2 \pm A_3 \pm \ldots$$

A Fläche	D, d Durchmesser	l_B Bogenlänge	b Breite (Bogenhöhe)	α Mittelpunktswinkel
U Umfang	R, r Radius	l Länge (Sehne)	b Breite	d_m mittlerer Durchmesser

Volumen

Gleichdicke Körper — $V = A \cdot h$

Würfel

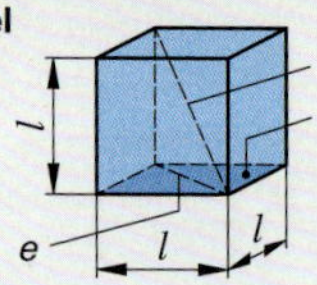

$l = \sqrt[3]{V}$

$e = 1{,}414 \cdot l$

$f = 1{,}732 \cdot l$

$l_{ges} = 12 \cdot l$

$A_M = 4 \cdot A = 4 \cdot l^2$

$A_O = 6 \cdot A = 6 \cdot l^2$

$$V = l \cdot l \cdot l$$

$V = l^3$

Prisma

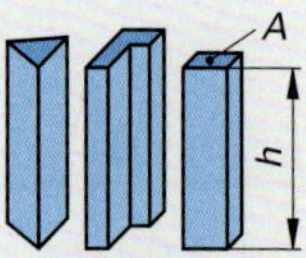

$A = \frac{V}{h}$

$h = \frac{V}{A}$

$$V = A \cdot h$$

Zylinder

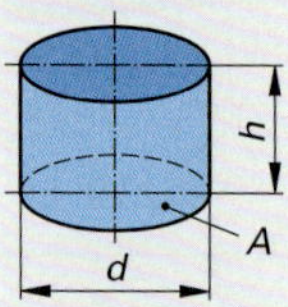

$d = \sqrt{\frac{4 \cdot V}{\pi \cdot h}}$

$h = \frac{4 \cdot V}{\pi \cdot d^2}$

$A = \frac{V}{h}$

$h = \frac{V}{A}$

$A_M = \pi \cdot d \cdot h$

$A_O = \pi \cdot d \cdot h + 2 \cdot \frac{\pi \cdot d^2}{4}$

$$V = \frac{\pi \cdot d^2}{4} \cdot h$$

$V = A \cdot h$

Hohlzylinder

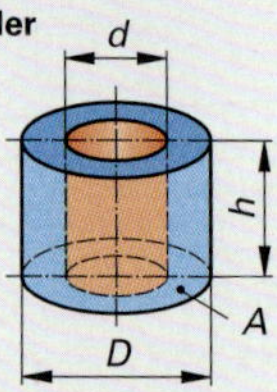

$h = \frac{4 \cdot V}{\pi \cdot (D^2 - d^2)}$

$D = \sqrt{d^2 + \frac{4 \cdot V}{\pi \cdot h}}$

$d = \sqrt{D^2 - \frac{4 \cdot V}{\pi \cdot h}}$

$A_2 = \frac{\pi \cdot D^2}{4}$

$A_1 = \frac{\pi \cdot d^2}{4}$

$A_O = \pi \cdot h \cdot (D + d) + 2 \cdot \frac{\pi \cdot (D^2 - d^2)}{4}$

$$V = \frac{\pi}{4} \cdot (D^2 - d^2) \cdot h$$

$V = (A_2 - A_1) \cdot h$

$V = V_2 - V_1$

Spitze Körper — $V = A \cdot h/3$

Pyramide

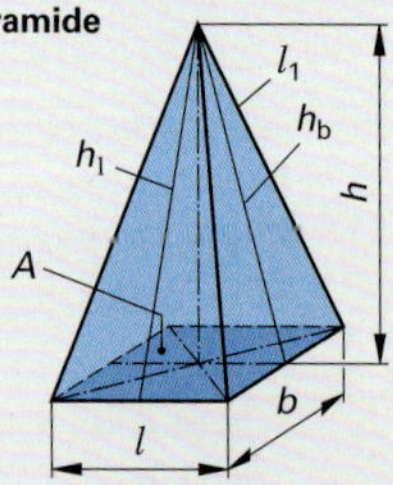

$h = \frac{3 \cdot V}{l \cdot b}$

$b = \frac{3 \cdot V}{l \cdot h}$

$l = \frac{3 \cdot V}{b \cdot h}$

$A = \frac{3 \cdot V}{h}$

$h = \frac{3 \cdot V}{A}$

$h_l = \sqrt{h^2 + b^2/4}$

$h_b = \sqrt{h^2 + l^2/4}$

$l_1 = \sqrt{{h_b}^2 + b^2/4}$

$l_1 = \sqrt{{h_l}^2 + l^2/4}$

$A_M = h_l \cdot l + h_b \cdot b$

$A_O = A_M + A$

$$V = \frac{l \cdot b \cdot h}{3}$$

$V = \frac{A \cdot h}{3}$

Kegel

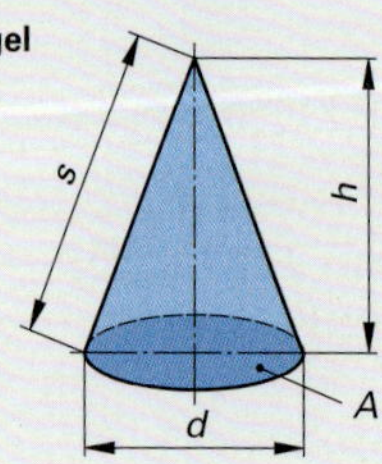

$d = \sqrt{\frac{12 \cdot V}{\pi \cdot h}}$

$h = \frac{12 \cdot V}{\pi \cdot d^2}$

$A = \frac{3 \cdot V}{h}$

$h = \frac{3 \cdot V}{A}$

$A_M = \pi \cdot r \cdot \sqrt{h^2 + r^2}$

$A_M = \frac{\pi \cdot d \cdot s}{2}$

$A_M = \pi \cdot r \cdot s$

$s = \sqrt{h^2 + r^2}$

$A_O = A_M + A$

$$V = \frac{1}{3} \cdot \frac{\pi \cdot d^2}{4} \cdot h$$

$V = \frac{\pi \cdot d^2 \cdot h}{12}$

$V = \frac{A \cdot h}{3}$

V	Volumen	l	Länge	h_l	Mantelhöhe über l	r	Radius	e	Eckenmaß (Flächendiagonale)
A	Fläche	b	Breite	h_b	Mantelhöhe über b	A_M	Mantelfläche	f	Raumdiagonale
h	Höhe	D, d	Durchmesser	s	Mantelhöhe	A_O	Oberfläche		

Volumen

Abgestumpfte Körper

Pyramidenstumpf

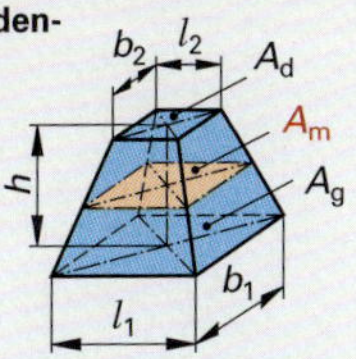

$$A_m = \frac{A_g + A_d}{2}$$

$$V = \frac{h \cdot (A_g + A_d + \sqrt{A_g \cdot A_d})}{3}$$

$$V \approx A_m \cdot h$$

Kegelstumpf

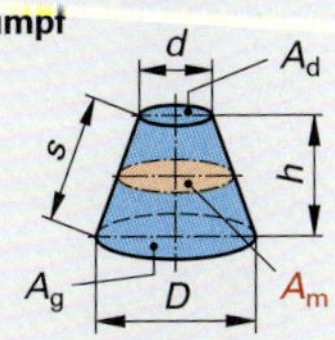

$$A_m = \frac{A_g + A_d}{2}$$

$$A_M = \frac{\pi \cdot (D + d) \cdot s}{2}$$

$$s = \sqrt{h^2 + \left(\frac{D - d}{2}\right)^2}$$

$$V = \frac{\pi \cdot h \cdot (D^2 + d^2 + D \cdot d)}{12}$$

$$V \approx A_m \cdot h$$

$$A_o = A_d + A_M + A_g$$

Kugel

Vollkugel

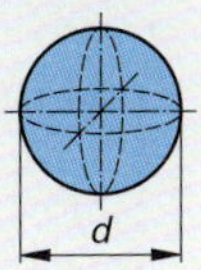

$$d = \sqrt[3]{\frac{6 \cdot V}{\pi}} = \sqrt[3]{\frac{V}{0{,}524}}$$

$$d \approx 1{,}24 \cdot \sqrt[3]{V}$$

$$A_O = \pi \cdot d^2 \qquad d = \sqrt{\frac{A_O}{\pi}}$$

$$V = \frac{\pi \cdot d^3}{6}$$

$$V = 0{,}524 \cdot d^3$$

Kugelabschnitt (Kugelsegment)

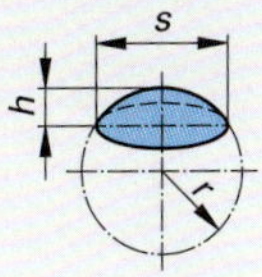

$$A_M = \pi \cdot d \cdot h$$

$$A_M = \frac{\pi \cdot (s^2 + 4 \cdot h^2)}{4}$$

$$A_O = \pi \cdot h \cdot (4 \cdot r - h)$$

$$V = \pi \cdot h^2 \cdot \left(r - \frac{h}{3}\right)$$

$$V = \pi \cdot h \cdot \left(\frac{s^2}{8} + \frac{h^2}{6}\right)$$

Kugelausschnitt (Kugelsektor)

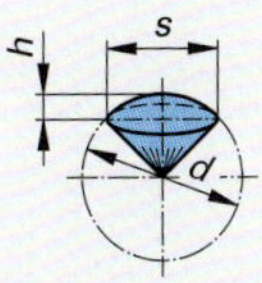

$$A_M = A_O$$

$$A_O = \frac{\pi \cdot d \cdot (4 \cdot h + s)}{4}$$

$$d = \sqrt{\frac{6 \cdot V}{\pi \cdot h}}; \qquad h = \frac{6 \cdot V}{\pi \cdot d^2}$$

$$V = \frac{\pi \cdot d^2 \cdot h}{6}$$

Kugelschicht (Kugelzone)

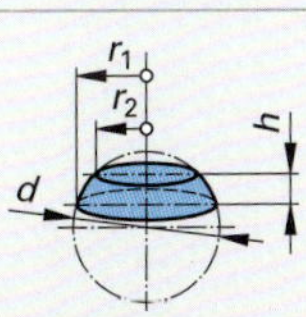

$$A_M = \pi \cdot d \cdot h$$

$$A_O = \pi \cdot (d \cdot h + r_1^2 + r_2^2)$$

$$V = \frac{\pi \cdot h \cdot (3 \cdot r_1^2 + 3 \cdot r_2^2 + h^2)}{6}$$

Zusammengesetzte Körper

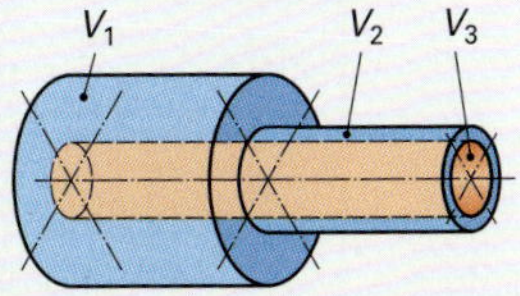

Durch Addition und Subtraktion der Teilkörper erhält man das Gesamtvolumen.

$$V_{ges} = V_1 \pm V_2 \pm V_3 \pm \dots$$

V	Volumen	A_O	Oberfläche	A	Fläche	b	Breite	d_m	mittlerer Durchmesser
A_m	Mittelfläche	A_d	Deckfläche	h	Höhe	r	Halbmesser	d	Durchmesser
A_g	Grundfläche	A_M	Mantelfläche	l	Länge	D, d	Durchmesser	s	Mantelhöhe, Länge

Dichte, Masse

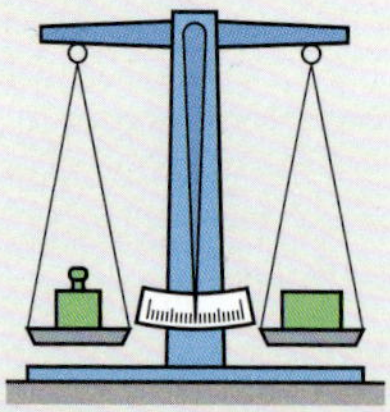

ϱ	Dichte in $\frac{g}{cm^3}$	bzw. $\frac{kg}{dm^3}$ bzw. $\frac{t}{m^3}$
m	Masse in g	bzw. kg bzw. t
V	Volumen in cm^3	bzw. dm^3 bzw. m^3

1 g/l	= 1 g/dm^3	= 1 kg/m^3
1 g/cm^3	= 1 kg/dm^3	= 1 t/m^3

Die Dichte von Gasen ist abhängig von Druck und Temperatur. Sie wird deshalb für Normalbedingungen (1013 hPa, 1,013 bar, 0 °C) in kg/m^3 angegeben.

$$\varrho = \frac{m}{V}$$

$$m = V \cdot \varrho$$

$$V = \frac{m}{\varrho}$$

Kraft

Kraftrichtung: beliebig

- F Kraft in N
- m Masse in kg
- a Beschleunigung in m/s^2
  Verzögerung in m/s^2

$$m = \frac{F}{a}$$

$$a = \frac{F}{m}$$

$$F = m \cdot a$$

Gewichtskraft

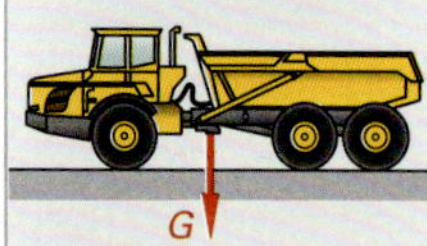

Kraftrichtung: Richtung Erdmittelpunkt

- G, F_G Gewichtskraft in N
- m Masse in kg
- g Fallbeschleunigung in m/s^2

$g \approx 9{,}81$ m/s^2 bzw. $g \approx 10$ m/s^2

$$1\,N = 1\,kg \cdot 1\,m/s^2 = 1\,\frac{kg \cdot m}{s^2}$$

$$G = m \cdot g$$

$$m = \frac{G}{g}$$

Kräftezusammensetzung und Kräftezerlegung

Gleiche Richtung und gleiche Wirkungslinie

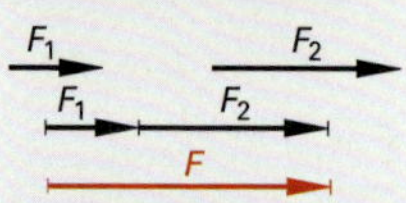

Greifen an einem Punkt mehrere Kräfte (Teilkräfte) an, die die gleiche Wirkungslinie und die gleiche Richtung haben, so können sie zu einer Ersatzkraft (Resultierende) zusammengefasst werden.

- F Ersatzkraft in N
- F_1, F_2 Teilkräfte in N

$$F = F_1 + F_2 + \ldots$$

Entgegengesetzte Richtung, aber gleiche Wirkungslinie

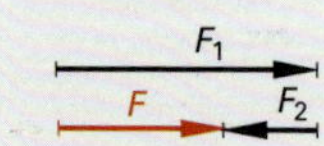

Die Ersatzkraft wird durch Abziehen ermittelt.

- F Ersatzkraft in N
- F_1, F_2 Teilkräfte in N

$$F = F_1 - F_2 - \ldots$$

Kraft in Teilkräfte zerlegt

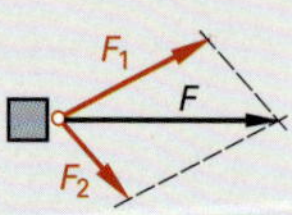

Die Teilkräfte werden mithilfe des Kräfteparallelogramms ermittelt. Die Wirkungslinien der Teilkräfte müssen bekannt sein.

- F Kraft in N
- F_1, F_2 Teilkräfte in N

Kräfte am Hang

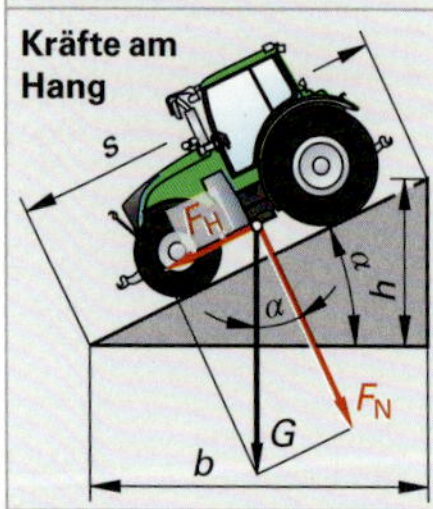

- G Gewichtskraft (lotrecht wirkend) in N
- F_N Normalkraft (senkrecht auf die Ebene wirkend) in N
- F_H Hangabtriebskraft in N
- s Länge der schiefen Ebene in m
- b horizontale Länge in m
- h Höhenunterschied in m
- α Steigungswinkel in °
- m Masse (Gewicht) des Körpers in kg
- g Fallbeschleunigung 9,81 m/s^2

$$F_N = \frac{G \cdot b}{s}$$

$$F_N = \frac{m \cdot g \cdot b}{s}$$

$$F_H = \frac{G \cdot h}{s}$$

Fliehkraft (Zentrifugalkraft)

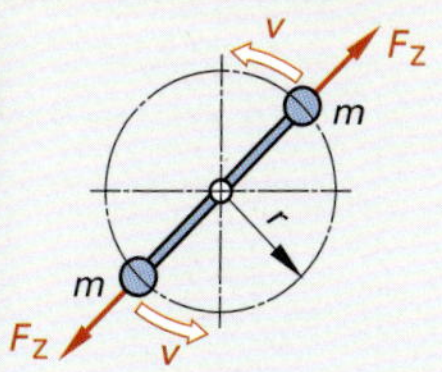

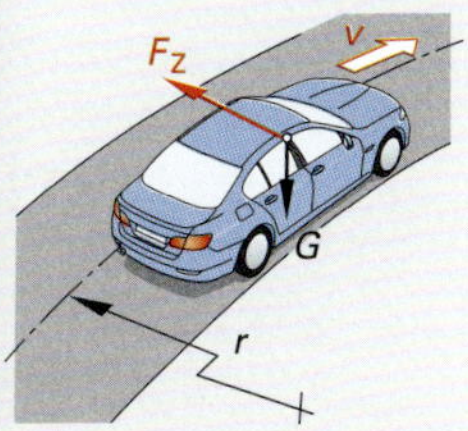

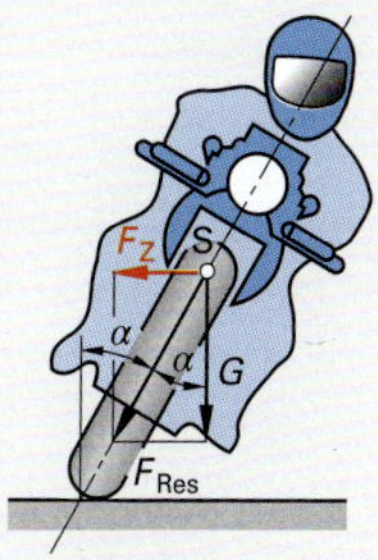

F_Z	Fliehkraft in N
m	Masse (Fahrzeuggewicht) in kg
v	Geschwindigkeit in m/s
v_{max}	maximale Fahrgeschwindigkeit in m/s
r	Radius (Kurvenradius) in m
r_{min}	kleinster Kurvenradius in m
g	Fallbeschleunigung in m/s²
G	Gesamtgewichtskraft in N
μ_H	Haftreibungszahl
F_H	Haftreibungskraft in N
F_R	Reibungskraft in N
F_{Zmax}	größte wirksame Fliehkraft in N
α	Neigungswinkel in Grad zur Senkrechten

Schleuderbeginn bei Überschreiten der maximalen Kurvengeschwindigkeit v_{max}

$$F_{Zmax} \leq F_R$$

$$F_{Zmax} \leq m \cdot g \cdot \mu_H$$

$$r_{min} \geq \frac{v^2}{12{,}96 \cdot g \cdot \mu_H}$$

$$F_Z = \frac{m \cdot v^2}{r}$$

$$v = \sqrt{\frac{F_Z \cdot r}{m}}$$

$$r = m \cdot \frac{v^2}{F_Z}$$

$$v_{max} = \sqrt{g \cdot r \cdot \mu_H}$$

v in km/h:

$$F_Z = \frac{m \cdot v^2}{12{,}96 \cdot r}$$

$$v = 3{,}6 \cdot \sqrt{\frac{F_Z \cdot r}{m}}$$

$$G = m \cdot g$$

$$\tan \alpha = \frac{F_Z}{G}$$

$$F_Z = G \cdot \tan \alpha$$

$$\tan \alpha = \frac{v^2}{g \cdot r}$$

$$v = \sqrt{g \cdot r \cdot \tan \alpha}$$

v in km/h:

$$\tan \alpha = \frac{v^2}{12{,}96 \cdot g \cdot r}$$

$$v = 3{,}6 \cdot \sqrt{g \cdot r \cdot \tan \alpha}$$

Zustand	Kräfte	
Haften	$F_Z < F_H$	$F_Z < G \cdot \mu_H$
Grenzbereich	$F_Z = F_H$	$F_Z = G \cdot \mu_H$
Rutschen/Schleudern	$F_Z > F_H$	$F_Z > G \cdot \mu_H$

Fliehkraft bei überhöhter Kurve

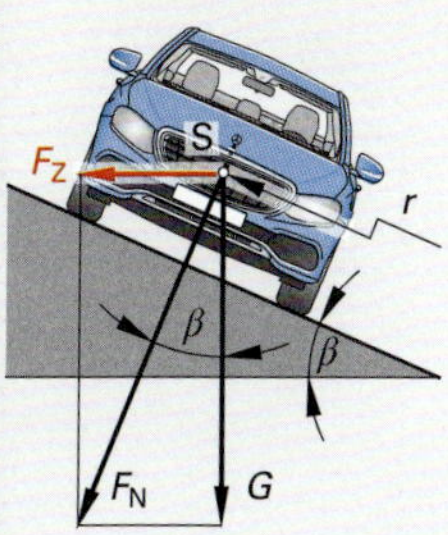

F_Z	Fliehkraft in N
G	Gewichtskraft in N
m	Fahrzeugmasse in kg
r	Kurvenradius in m
v	Geschwindigkeit in m/s
β	Kurvenüberhöhung in Grad (Neigungswinkel der Fahrbahn)

$$\tan \beta = \frac{F_Z}{G}$$

Optimaler Neigungswinkel, wenn F_N senkrecht auf die Fahrbahn wirkt.

$$F_Z = G \cdot \tan \beta$$

$$\tan \beta = \frac{v^2}{g \cdot r}$$

Geschwindigkeit

Gleichförmige Geschwindigkeit, Durchschnittsgeschwindigkeit

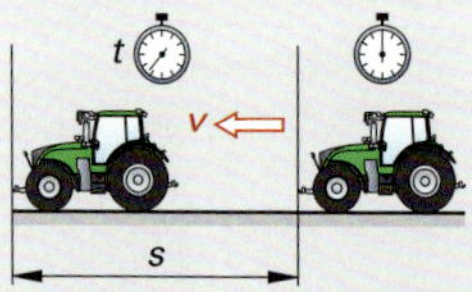

v Geschwindigkeit in m/s, km/h
s Weg in m, km
t Zeit in s, h

$$1\,\frac{\text{m}}{\text{s}} = 3{,}6\,\frac{\text{km}}{\text{h}}$$

1 h = 3600 s

$$v = \frac{s}{t}$$

$$t = \frac{s}{v}$$

$$s = v \cdot t$$

Durchschnittsgeschwindigkeit aus Einzelgeschwindigkeiten

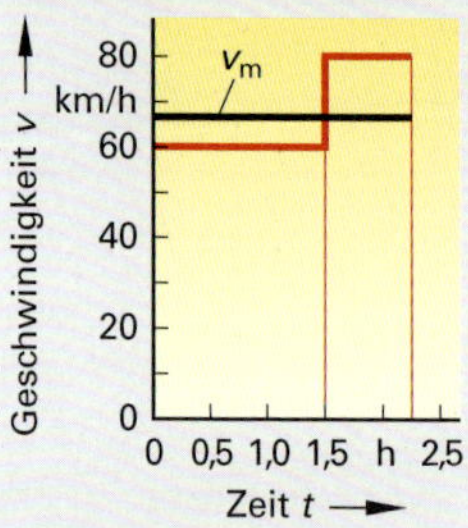

v_m Durchschnittsgeschwindigkeit in km/h
$v_1, v_2, \dots$ Einzelgeschwindigkeiten in km/h
$t_1, t_2, \dots$ Einzelfahrzeiten in h

$$v_m = \frac{v_1 \cdot t_1 + v_2 \cdot t_2 + \dots}{t_1 + t_2 + \dots}$$

bei $t_1 = t_2$ gilt:

$$v_m = \frac{v_1 + v_2}{2}$$

Umfangsgeschwindigkeit

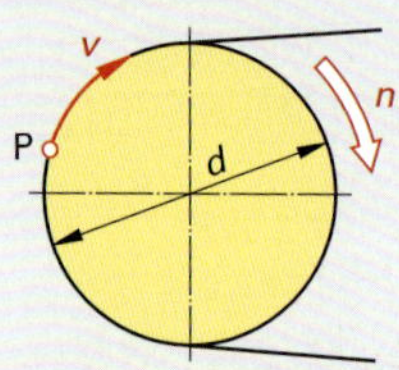

v Umfangsgeschwindigkeit in m/s
d Kreisdurchmesser in m
n Drehzahl in 1/min

$$v = \frac{\pi \cdot d \cdot n}{60}$$

$$d = \frac{60 \cdot v}{\pi \cdot n}$$

$$n = \frac{60 \cdot v}{\pi \cdot d}$$

Schnittgeschwindigkeit

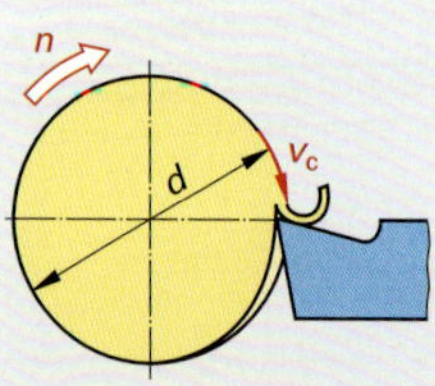

v_c Schnittgeschwindigkeit in m/min
d Werkstückdurchmesser bzw. Werkzeugdurchmesser in mm
n Drehzahl der Arbeitsspindel bzw. der Werkzeugspindel in 1/min

$$v_c = \frac{\pi \cdot d \cdot n}{1000}$$

$$d = \frac{1000 \cdot v_c}{\pi \cdot n}$$

$$n = \frac{1000 \cdot v_c}{\pi \cdot d}$$

Winkelgeschwindigkeit

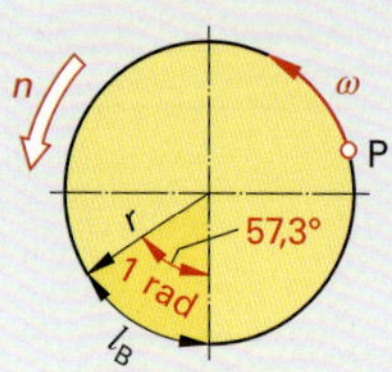

ω Winkelgeschwindigkeit in 1/s oder rad/s
$2 \cdot \pi$ Vollwinkel in rad
n Drehzahl in 1/s
r Radius, Halbmesser in m
v Umfangsgeschwindigkeit in m/s

$$1\ \text{rad} = \frac{1\ \text{m (Bogen)}}{1\ \text{m (Radius)}} \approx 57{,}3°$$

$$\omega = 2 \cdot \pi \cdot n$$

$$n = \frac{\omega}{2 \cdot \pi}$$

$$v = \omega \cdot r$$

Beschleunigung, Verzögerung

Beschleunigung aus dem Stand oder Verzögerung (Bremsung) bis zum Stand

Beschleunigung *a* **Verzögerung *a*** in m/s^2	$a = \frac{v}{t}$	$a = \frac{v^2}{2 \cdot s}$	$a = \frac{2 \cdot s}{t^2}$
Endgeschwindigkeit *v* **Anfangsgeschwindigkeit *v*** in m/s	$v = a \cdot t$	$v = \frac{2 \cdot s}{t}$	$v = \sqrt{2 \cdot a \cdot s}$
Beschleunigungszeit *t* **Verzögerungszeit *t*** **(Bremszeit)** in s	$t = \frac{v}{a}$	$t = \frac{2 \cdot s}{v}$	$t = \sqrt{\frac{2 \cdot s}{a}}$
Beschleunigungsweg *s* **Verzögerungsweg *s*** **(Bremsweg)** *s* in m	$s = \frac{v \cdot t}{2}$	$s = \frac{v^2}{2 \cdot a}$	$s = \frac{a \cdot t^2}{2}$

Anhalteweg, Reaktionsweg, Bremsweg (Geschwindigkeit *v* in m/s einsetzen)

Anhalteweg s_A in m	$s_A = s_R + s$	$s_A = v \cdot t_R + \frac{v^2}{2 \cdot a}$	$s_A = v \cdot t_R + \frac{a \cdot t^2}{2}$	$s_A = v \cdot \left(t_R + \frac{t}{2}\right)$
Reaktionsweg s_R in m	$s_R = s_A - s$	$s_R = v \cdot t_R$	$s_R = v \cdot (t_A - t)$	$s_R = v \cdot t_A - 2 \cdot s$
Bremsweg *s* in m	$s = s_A - s_R$	$s = \frac{v^2}{2 \cdot a}$	$s = \frac{a \cdot t^2}{2}$	$s = \frac{v \cdot t}{2}$
Anhaltezeit t_A in s	$t_A = t_R + t$	$t_A = t_R + \frac{v}{a}$	$t_A = t_R + \sqrt{\frac{2 \cdot s}{a}}$	$t_A = t_R + \frac{2 \cdot s}{v}$
Reaktionszeit t_R in s	$t_R = t_A - t$	$t_R = \frac{s_R}{v}$	$t_R = t_A - \sqrt{\frac{2 \cdot s}{a}}$	$t_R = t_A - \frac{2 \cdot s}{v}$
Bremszeit *t* in s	$t = t_A - t_R$	$t = \frac{v}{a}$	$t = \sqrt{\frac{2 \cdot s}{a}}$	$t = \frac{2 \cdot s}{v}$

Beschleunigung in der Bewegung oder Verzögerung in der Bewegung

Beschleunigung *a* **Verzögerung *a*** in m/s^2	$a = \frac{v_2 - v_1}{t}$	$a = \frac{v_2^2 - v_1^2}{2 \cdot s}$	$a = \frac{2 \cdot s - 2 \cdot v_1 \cdot t}{t^2}$	$a = \frac{2 \cdot v_2 \cdot t - 2 \cdot s}{t^2}$
Kleinere Geschwindigkeit v_1 in m/s	$v_1 = v_2 - a \cdot t$	$v_1 = \frac{2 \cdot s}{t} - v_2$	$v_1 = \frac{s}{t} - \frac{a \cdot t}{2}$	$v_1 = \sqrt{v_2^2 - 2 \cdot a \cdot s}$
Größere Geschwindigkeit v_2 in m/s	$v_2 = v_1 + a \cdot t$	$v_2 = \frac{2 \cdot s}{t} - v_1$	$v_2 = \frac{s}{t} + \frac{a \cdot t}{2}$	$v_2 = \sqrt{v_1^2 + 2 \cdot a \cdot s}$
Beschleunigungszeit *t* **Verzögerungszeit *t*** **(Bremszeit)** in s	$t = \frac{v_2 - v_1}{a}$	$t = \frac{2 \cdot s}{v_1 + v_2}$	$t = \sqrt{\frac{v_1^2 + 2 \cdot a \cdot s - v_1}{a}}$	$t = \frac{v_2 - \sqrt{v_2^2 - 2 \cdot a \cdot s}}{a}$
Beschleunigungsweg *s* **Verzögerungsweg *s*** **(Bremsweg)** in m	$s = \frac{(v_1 + v_2)}{2} \cdot t$	$s = \frac{v_2^2 - v_1^2}{2 \cdot a}$	$s = v_1 \cdot t + \frac{a \cdot t^2}{2}$	$s = v_2 \cdot t - \frac{a \cdot t^2}{2}$

Umrechnung: $1\,\frac{m}{s} = 3{,}6\,\frac{km}{h}$; $1\,\frac{km}{h} = \frac{1}{3{,}6}\,\frac{m}{s}$

Überholen

Überholen mit gleichbleibender Geschwindigkeit

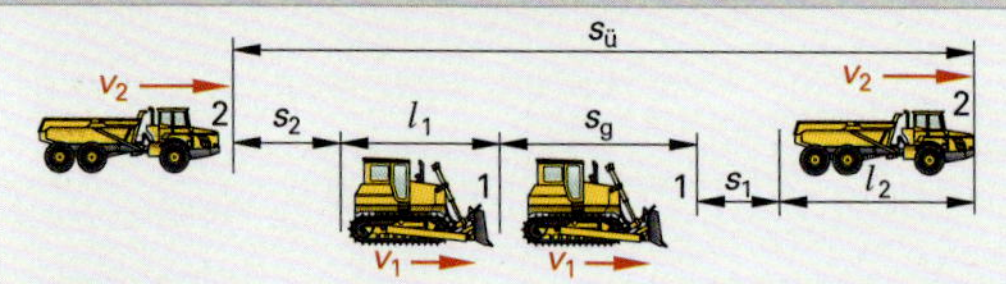

Das überholende Fz 2 hat eine größere Geschwindigkeit als das zu überholende Fz 1. Beide Fahrzeuge ändern ihre Geschwindigkeit während des Überholvorganges nicht.

l_1, l_2 Fahrzeuglängen in m

Sicherheitsabstände Fz 1 und Fz 2 s_1 in m; s_2 in m	$s_1 = \frac{\lvert v_1 \rvert}{2}$	$s_2 = \frac{\lvert v_2 \rvert}{2}$	Der Sicherheitsabstand in m entspricht dem halben Zahlenwert der Tachoanzeige.	
Grundweg Fz 1 s_g in m	$s_g = v_1 \cdot t_ü$	$s_g = s_ü - s_a$	$s_g = v_2 \cdot t_ü - s_a$	$s_g = \frac{s_a \cdot v_1}{v_2 - v_1}$
Aufholweg Fz 2 s_a in m	$s_a = l_1 + l_2 + s_1 + s_2$	$s_a = s_ü - s_g$	$s_a = (v_2 - v_1) \cdot t_ü$	$s_a = \frac{(v_2 - v_1)}{v_2} \cdot s_ü$
Überholweg Fz 2 $s_ü$ in m	$s_ü = s_g + s_a$	$s_ü = v_2 \cdot t_ü$	$s_ü = s_g \cdot \frac{v_2}{v_1}$	$s_ü = \frac{s_a \cdot v_2}{v_2 - v_1}$
Überholzeit Fz 2 $t_ü$ in s	$t_ü = \frac{s_ü}{v_2}$	$t_ü = \frac{s_g}{v_1}$	$t_ü = \frac{s_a}{v_2 - v_1}$	$t_ü = \frac{s_ü - s_a}{v_1}$
Geschwindigkeit Fz 1 v_1 in m/s	$v_1 = \frac{s_g}{t_ü}$	$v_1 = \frac{v_2 - s_a}{t_ü}$	$v_1 = \frac{s_ü - s_a}{t_ü}$	$v_1 = v_2 - \frac{s_a \cdot v_2}{s_ü}$
Geschwindigkeit Fz 2 v_2 in m/s	$v_2 = \frac{s_ü}{t_ü}$	$v_2 = v_1 + \frac{s_a}{t_ü}$	$v_2 = \frac{s_g + s_a}{t_ü}$	$v_2 = \frac{s_a \cdot v_1}{s_g} + v_1$

Überholen mit gleichbleibender Beschleunigung

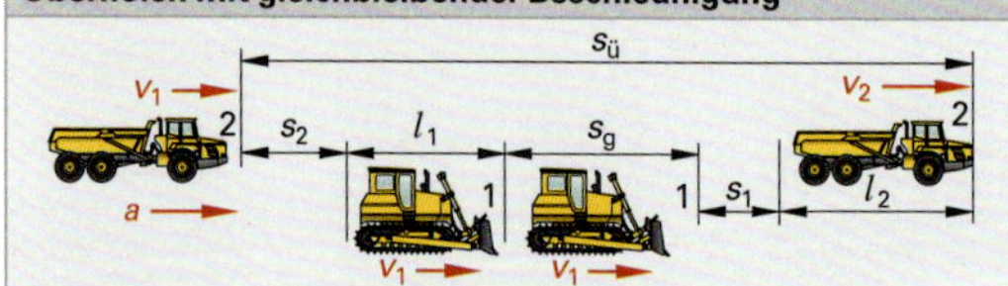

Die Geschwindigkeit des zu überholenden Fz 1 beträgt gleichbleibend v_1; das überholende Fz 2 beschleunigt während des Überholvorganges gleichmäßig von v_1 auf v_2.

l_1, l_2 Fahrzeuglängen in m

Sicherheitsabstände Fz 1 und Fz 2 s_1 in m; s_2 in m	$s_1 = \frac{\lvert v_1 \rvert}{2}$		Der Sicherheitsabstand in m entspricht dem halben Zahlenwert der Tachoanzeige.	
Grundweg Fz 1 s_g in m	$s_g = v_1 \cdot t_ü$	$s_g = s_ü - s_a$	$s_g = s_ü - \frac{a \cdot t_ü^2}{2}$	$s_g = \frac{v_1}{a} \cdot (v_2 - v_1)$
Aufholweg Fz 2 s_a in m	$s_a = l_1 + l_2 + s_1 + s_2$	$s_a = s_ü - s_g$	$s_a = \frac{a \cdot t_ü^2}{2}$	$s_a = \frac{v_2 - v_1}{2} \cdot t_ü$
Überholweg Fz 2 $s_ü$ in m	$s_ü = s_g + s_a$	$s_ü = v_1 \cdot t_ü + s_a$	$s_ü = v_1 \cdot t_ü + \frac{a \cdot t_ü^2}{2}$	$s_ü = \frac{v_1 + v_2}{2} \cdot t_ü$
Überholzeit Fz 2 $t_ü$ in s	$t_ü = \frac{s_g}{v_1}$	$t_ü = \sqrt{\frac{2 \cdot s_a}{a}}$	$t_ü = \frac{v_2 - v_1}{a}$	$t_ü = \frac{2 \cdot s_a}{v_2 - v_1}$
Geschwindigkeit Fz 1 v_1 in m/s	$v_1 = \frac{s_g}{t_ü}$	$v_1 = v_2 - a \cdot t_ü$	$v_1 = \frac{2 \cdot s_ü}{t_ü} - v_2$	$v_1 = v_2 - \frac{2 \cdot s_a}{t_ü}$
Endgeschwindigkeit Fz 2 v_2 in m/s	$v_2 = v_1 + a \cdot t_ü$	$v_2 = \frac{2 \cdot s_a}{t_ü} + v_1$	$v_2 = \frac{2 \cdot s_ü}{t_ü} - v_1$	$v_2 = \frac{s_ü}{t_ü} + \frac{a \cdot t_ü}{2}$

Arbeit

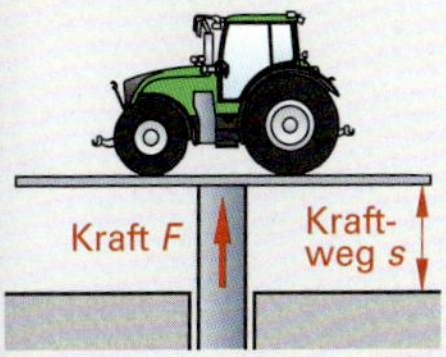

- W Arbeit in Nm, J, Ws
- F Kraft in N
- s Kraftweg in m

$$1\ \text{Nm} = 1\ \text{J} = 1\ \text{Ws} = 1\ \text{kg} \cdot \text{m}^2/\text{s}^2$$

$$\mathbf{1\ kWh = 3\,600\,000\ Ws = 3{,}6 \cdot 10^6\ Ws}$$

$$W = F \cdot s$$

$$F = \frac{W}{s}$$

$$s = \frac{W}{F}$$

Energie

Potenzielle Energie, Energie der Ruhe

Lageenergie

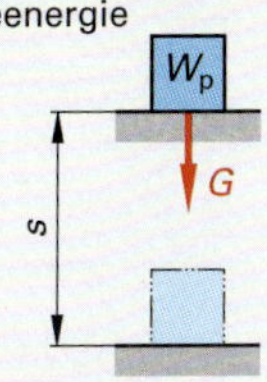

- W_p Lageenergie in Nm, J, Ws
- G, F_G Gewichtskraft in N
- h Hubhöhe in m

$$W_p = G \cdot h$$

$$G = \frac{W_p}{h} \qquad h = \frac{W_p}{G}$$

Spannenergie

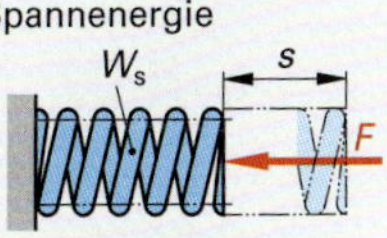

- W_s Spannenergie in Nm, J, Ws
- s Federweg in m
- F Federspannkraft in N

$$W_s = \frac{F \cdot s}{2}$$

$$F = \frac{2 \cdot W_s}{s} \qquad s = \frac{2 \cdot W_s}{F}$$

Kinetische Energie, Bewegungsenergie

- W_k kinetische Energie in Nm, J, Ws
- m Masse in kg
- v Geschwindigkeit in m/s

$$W_k = \frac{m \cdot v^2}{2}$$

$$m = \frac{2 \cdot W_k}{v^2} \qquad v = \sqrt{\frac{2 \cdot W_k}{m}}$$

Goldene Regel der Mechanik: Aufgewendete Arbeit = gewonnene Arbeit $\quad W_1 = W_2$

Schiefe Ebene

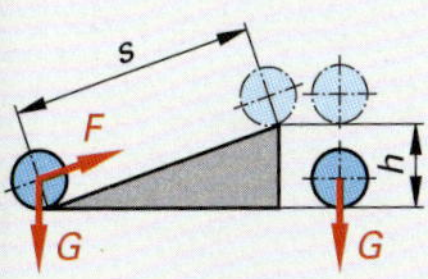

- F Kraft in N
- s Kraftweg in m
- G, F_G Gewichtskraft in N
- h Weg der Gewichtskraft in m
- W_1 aufgewendete Arbeit in Nm
- W_2 abgegebene Arbeit in Nm

$$F \cdot s = G \cdot h$$

$$G = \frac{F \cdot s}{h} \qquad s = \frac{G \cdot h}{F}$$

$$W_1 = W_2$$

Montagevorspannkraft

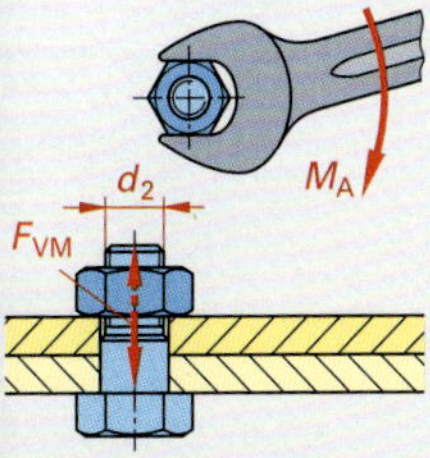

- M_A Anzugdrehmoment in Nm
- F_{VM} Montagevorspannkraft in N
- d_2 Flankendurchmesser in m

Näherungsformel gilt für metrische Regelgewinde (nicht geschmiert).

Durch unterschiedliche Reibverhältnisse können sich Abweichungen ergeben.

$$F_{VM} \approx \frac{M_A}{0{,}2 \cdot d_2}$$

$$M_A \approx 0{,}2 \cdot F_{VM} \cdot d_2$$

Leistung

Motor mit Schwungrad

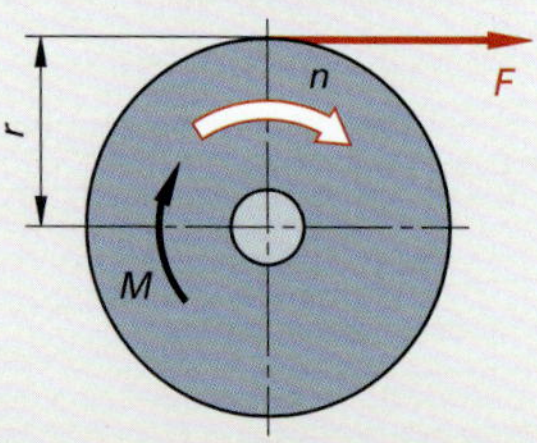

- P Leistung in W, Nm/s, J/s
- W Arbeit in Ws, Nm, J
- t Zeit in s
- F Kraft in N
- s Kraftweg in m
- v Geschwindigkeit in m/s

$1\,\text{W} = 1\,\frac{\text{Nm}}{\text{s}} = 1\,\frac{\text{J}}{\text{s}}$

$1\,\text{kW} = 1000\,\text{W}$

- P Leistung in kW
- M Drehmoment in Nm
- n Drehzahl in 1/min
- F Kraft in Nm
- r Radius in m

$$P = \frac{W}{t}$$

$$W = P \cdot t \qquad t = \frac{W}{P}$$

$$P = \frac{F \cdot s}{t}$$

$$F = \frac{P \cdot t}{s} \qquad s = \frac{P \cdot t}{F}$$

$$t = \frac{F \cdot s}{P}$$

$$P = F \cdot v$$

$$F = \frac{P}{v} \qquad v = \frac{P}{F}$$

$$P = \frac{M \cdot n}{9550}$$

$$M = \frac{9550 \cdot P}{n}$$

$$n = \frac{9550 \cdot P}{M}$$

Wirkungsgrad, Gesamtwirkungsgrad

Nutzwirkungsgrade

Elektromotor	0,85
Otto-Motor	0,40
Diesel-Motor	0,48
Wechselgetriebe	0,95

- W_v Energieverlust in Nm, Ws
- η Wirkungsgrad
- η_{ges} Gesamtwirkungsgrad
- η_1, η_2, η_3 Einzelwirkungsgrade
- W_{ab} abgegebene Arbeit in Nm, Ws
- W_{zu} zugeführte Arbeit in Nm, Ws
- P_v Verlustleistung in W, kW
- P_{ab} abgegebene Leistung in W, kW
- P_{zu} zugeführte Leistung in W, kW

Der Wirkungsgrad ist stets kleiner als 1 oder weniger als 100 %.

$$W_v = W_{zu} - W_{ab}$$

$$\eta = \frac{W_{ab}}{W_{zu}}$$

$$W_{ab} = \eta \cdot W_{zu}$$

$$W_{zu} = \frac{W_{ab}}{\eta}$$

$$P_v = P_{zu} - P_{ab}$$

$$\eta = \frac{P_{ab}}{P_{zu}}$$

$$P_{ab} = \eta \cdot P_{zu}$$

$$P_{zu} = \frac{P_{ab}}{\eta}$$

$$\eta_{ges} = \eta_1 \cdot \eta_2 \cdot \eta_3 \cdot \ldots$$

Drehmoment

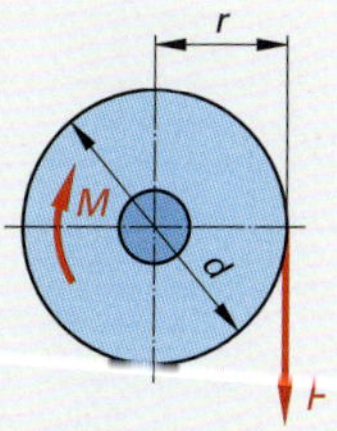

Greift eine Kraft an einem Hebelarm an, so wird ein Drehmoment erzeugt. Der Hebelarm ist der senkrechte Abstand der Wirkungslinie der Kraft vom Drehpunkt.

M Drehmoment in Nm
F Kraft in N
r Hebelarm in m
d Durchmesser in m

$$M = F \cdot r$$

$$F = \frac{M}{r} = \frac{z \cdot M}{d}$$

$$r = \frac{M}{F}$$

Hebelgesetz

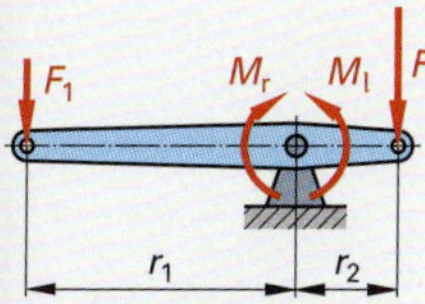

Zweiseitiger Hebel

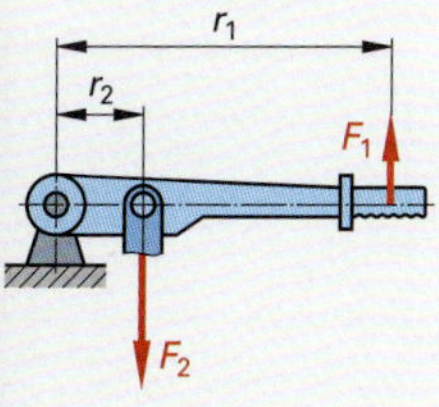

Einseitiger Hebel

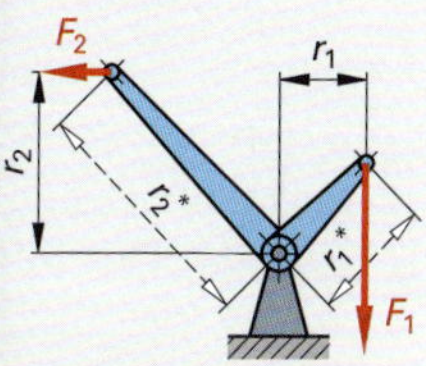

Winkelhebel

Hebelgesetz:
Summe aller linksdrehenden Momente
= Summe aller rechtsdrehenden Momente (Momentengleichgewicht).

$\overset{\frown}{M}_l$ linksdrehende Momente in Nm
$\overset{\frown}{M}_r$ rechtsdrehende Momente in Nm
F_1, F_2 Kraft in N
r_1, r_2 wirksamer Hebelarm in m
i_F Kraftübersetzung
i_R Hebelarmübersetzung
r_1^*, r_2^* Bauteillänge in m

$$\Sigma \overset{\frown}{M}_l = \Sigma \overset{\frown}{M}_r$$

$$F_1 \cdot r_1 = F_2 \cdot r_2$$

$$\frac{F_1}{F_2} = \frac{r_2}{r_1}$$

$$F_1 = \frac{F_2 \cdot r_2}{r_1}$$

$$r_1 = \frac{F_2 \cdot r_2}{F_1}$$

$$F_2 = \frac{F_1 \cdot r_1}{r_2}$$

$$r_2 = \frac{F_1 \cdot r_1}{F_2}$$

$$i_F = \frac{F_1}{F_2}$$

$$i_r = \frac{r_2}{r_1}$$

Flaschenzug

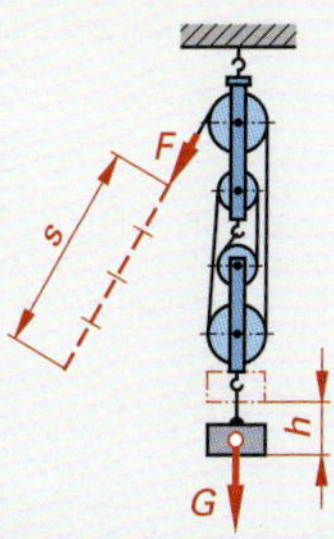

F Kraft in N
G Gewichtskraft in N
z Anzahl der Rollen
s Kraftweg in m
h Hubhöhe in m

$$F = \frac{G}{z}$$

$$G = z \cdot F \qquad z = \frac{G}{F}$$

$$s = z \cdot h$$

$$h = \frac{s}{z} \qquad z = \frac{s}{h}$$

Festigkeit

Zugbeanspruchung

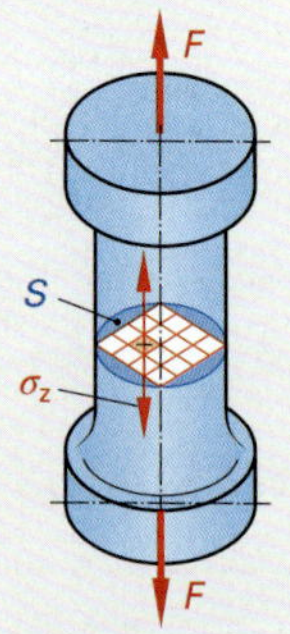

σ_z Zugspannung in N/mm^2
σ_{zul} zulässige Zugspannung in N/mm^2
R_m Zugfestigkeit (Bruchfestigkeit) in N/mm^2
F Zugkraft in N
F_m größte Zugkraft (Bruchkraft) in N
F_{zul} zulässige Zugkraft in N
S Querschnitt in mm^2
v Sicherheitszahl (Sicherheit)

*) Abhängig vom Werkstoff wird eingesetzt:
- spröder Werkstoff (EN-GJL) Zugfestigkeit R_m
- zäher Werkstoff (St $\leq$ 600 N/mm^2) Streckgrenze R_e
- zäher Werkstoff (St > 600 N/mm^2, Al, Cu) 0,2 % Dehngrenze $R_{p0,2}$

$$\sigma_z = \frac{F}{S}$$

$$R_m = \frac{F_m}{S}$$

$$\sigma_{zul} = \frac{R_m{}^{*)}}{v}$$

$$F_{zul} = \sigma_{zul} \cdot S$$

$$S = \frac{F_{zul}}{\sigma_{zul}} \qquad \sigma_{zul} = \frac{F_{zul}}{S}$$

Druckbeanspruchung

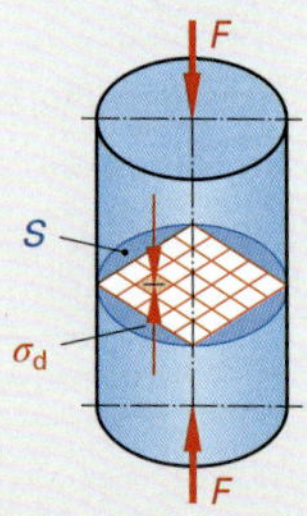

σ_d Druckspannung in N/mm^2
σ_{dB} Bruchfestigkeit in N/mm^2 (Bruchgrenze)
σ_{dzul} zulässige Druckspannung in N/mm^2
F Druckkraft in N
F_B Druckkraft bei Bruch (Bruchkraft) in N
F_{zul} zulässige Druckkraft in N
S Querschnitt in mm^2
v Sicherheitszahl (Sicherheit)
σ_{dB} für spröde Werkstoffe (Grauguss);
σ_{dF} (Quetschgrenze) für zähe Werkstoffe bzw. $\sigma_{d0,2}$

$$\sigma_d = \frac{F}{S}$$

$$\sigma_{dB} = \frac{F_B}{S}$$

$$\sigma_{dzul} = \frac{\sigma_{bB}}{v}$$

$$F_{zul} = \sigma_{dzul} \cdot S$$

Scherbeanspruchung

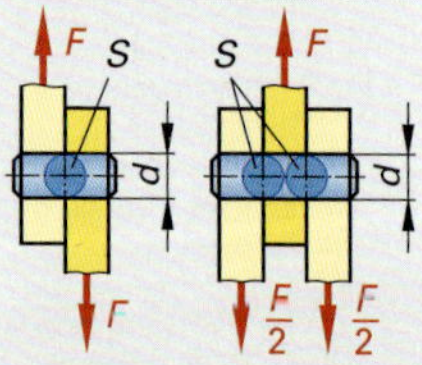

$$S = \frac{\pi \cdot d^2}{4} \qquad S = 2 \cdot \frac{\pi \cdot d^2}{4}$$

τ_a Scherspannung in N/mm^2
$\tau_{a\,zul}$ zulässige Scherspannung in N/mm^2
$F_{a\,zul}$ zulässige Scherkraft in N, bei der der Werkstoff nicht getrennt wird
S Querschnitt in mm^2
F_a Scherkraft in N
R_e Streckgrenze in N/mm^2
v Sicherheitszahl

Die Scherbeanspruchung kann einschnittig oder mehrschnittig sein.
Bei zweischnittiger Beanspruchung ist der Querschnitt zu verdoppeln.

$$\tau_a = \frac{F_a}{S}$$

$$F_a = \tau_a \cdot S \qquad S = \frac{F_a}{\tau_a}$$

$$\tau_{a\,zul} = \frac{R_e}{v}$$

$$F_{a\,zul} = \tau_{a\,zul} \cdot S$$

Flächenpressung

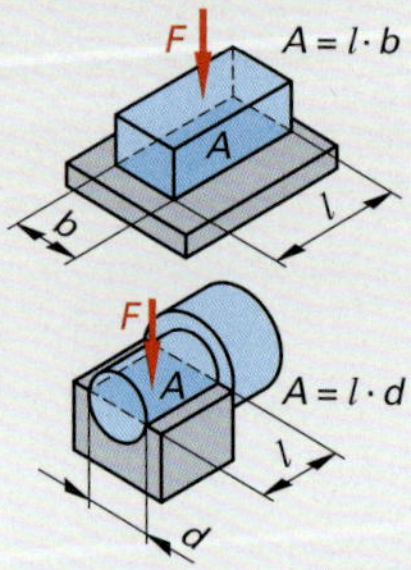

p Flächenpressung in N/mm^2
Lochleibungsdruck bei Nieten und Bolzen
F Druckkraft in N
A rechnerische Berührungsfläche in cm^2; es wird eine Fläche senkrecht zur Kraftrichtung angenommen (Projektionsfläche), z. B. Gleitlager: $A = l \cdot d$;
l = Lagerlänge; d = Lagerdurchmesser

$$p = \frac{F}{A}$$

$$F = p \cdot A \qquad A = \frac{F}{p}$$

Reibung

	Haftreibung	Gleitreibung	Rollreibung
Reibungsart	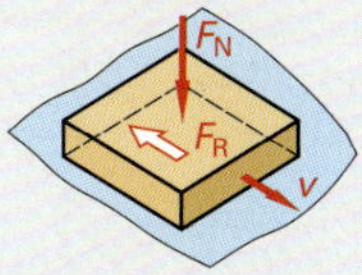	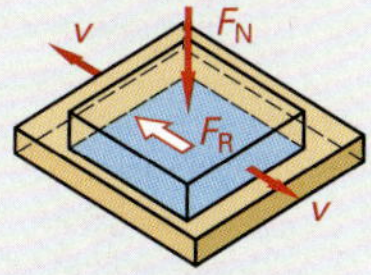	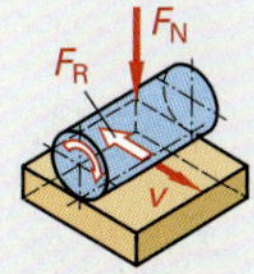
Definitionen	Widerstand, den ein Körper dem Verschieben auf seiner Unterlage entgegensetzt.	Widerstand, den ein gleitender Körper der Bewegung entgegensetzt.	Widerstand, den ein rollender Körper der Bewegung entgegensetzt.
Reibungszahl μ	Haftreibungszahl $\mu_H = \frac{F_R}{F_N}$	Gleitreibungszahl $\mu_G = \frac{F_R}{F_N}$	Rollreibungszahl $\mu_R = \frac{F_R}{F_N}$
Reibungskraft F_R in N	$F_R = F_N \cdot \mu_H$	$F_R = F_N \cdot \mu_G$	$F_R = F_N \cdot \mu_R$
Normalkraft F_N in N	$F_N = \frac{F_R}{\mu_H}$	$F_N = \frac{F_R}{\mu_G}$	$F_N = \frac{F_R}{\mu_R}$

Reibungsarbeit

1 J = 1 Nm = 1 Ws

3 600 000 Ws = 1 kWh

W_R Reibungsarbeit in Nm = Reibungswärme in J
Q_R Reibungswärme in J
F_R Reibungskraft in N
s Reibungsweg in m

$$W_R = F_R \cdot s$$

$$F_R = \frac{W_R}{s}$$

$$Q_R = W_R$$

Reibungsleistung

$$1\,\frac{\text{Nm}}{\text{s}} = 1\,\frac{\text{J}}{\text{s}} = 1\,\text{W}$$

1000 W = 1 kW

P_R Reibungsleistung in J/s
t Zeit in s
W_R Reibungsarbeit in Nm

$$P_R = \frac{W_R}{t}$$

$$W_R = P_R \cdot t$$

Druck (allgemein, aus Kraft und Fläche)

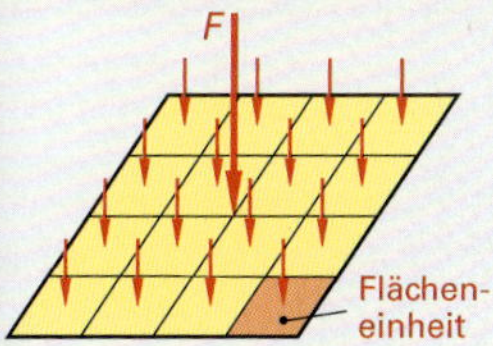

p Druck in N/cm²
F Kraft in N
A Fläche in cm²

$$1\,\text{bar} = \frac{10\,\text{N}}{\text{cm}^2}$$

$$p = \frac{F}{A}$$

$$F = p \cdot A$$

$$A = \frac{F}{p}$$

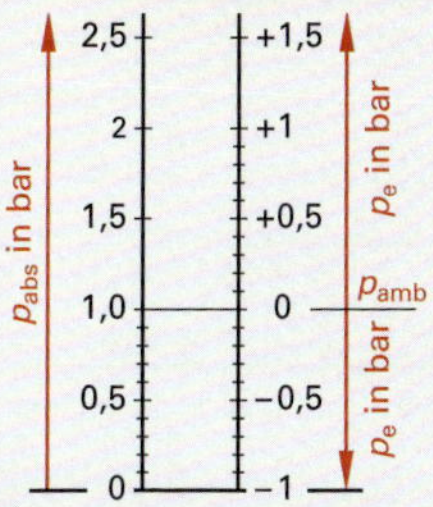

Druckunterschiede

p_{amb} Umgebungsdruck in bar, mbar, hPa
p_{abs} Absoluter Druck in bar, mbar, hPa
p_e Überdruck in bar, mbar, hPa

p_e ist positiv, wenn $p_{abs} > p_{amb}$
p_e ist negativ, wenn $p_{abs} < p_{amb}$

Negative Werte des Überdrucks kennzeichnen den früheren Unterdruckbereich.

$$p_e = p_{abs} - p_{amb}$$

$$p_{abs} = p_e + p_{amb}$$

Hydraulik

Flüssigkeitsdruck

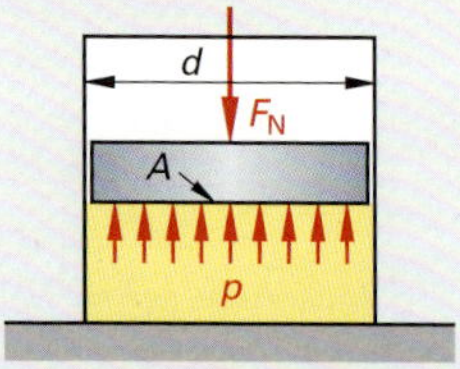

- p Flüssigkeitsdruck in N/cm^2
- F_N Normalkraft, Kolbenkraft in N
- A Kolbenfläche in cm^2
- d Kolbendurchmesser in cm

Im geschlossenen System ist der Druck an jeder Stelle gleich groß.

$$p = \frac{F_N}{A}$$ $$p = \frac{4 \cdot F_N}{\pi \cdot d^2}$$

$$F_N = p \cdot A \qquad F_N = p \cdot \frac{\pi \cdot d^2}{4}$$

$$A = \frac{F_N}{p} \qquad d = \sqrt{\frac{4 \cdot F_N}{\pi \cdot p}}$$

Hydraulische Presse, hydraulische Übersetzung

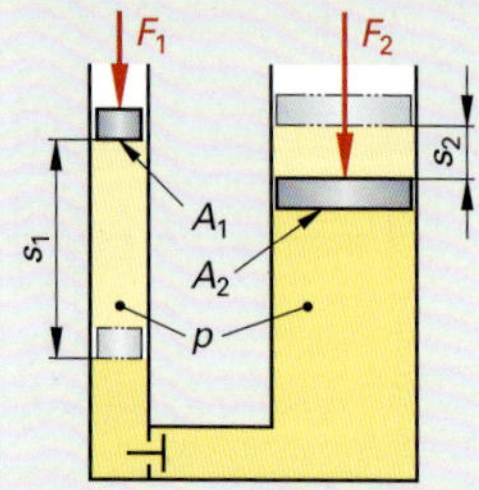

In einem geschlossenen System breitet sich der Flüssigkeitsdruck nach allen Seiten gleichmäßig fort. Auf beide Kolben wirkt deshalb der gleich große Druck. Aufgrund der unterschiedlichen Kolbenfläche ergibt sich eine Übersetzung der Kolbenkräfte.

1 bar = 10 N/cm^2

- p Flüssigkeitsdruck in N/cm^2
- F_1 Kraft am Pumpenkolben in N
- F_2 Kraft am Arbeitskolben in N
- A_1 Fläche des Pumpenkolbens in cm^2
- A_2 Fläche des Arbeitskolbens in cm^2
- d_1 Durchmesser des Pumpenkolbens in cm
- d_2 Durchmesser des Arbeitskolbens in cm
- s_1 Weg des Pumpenkolbens in cm
- s_2 Weg des Arbeitskolbens in cm
- i_{hyd} hydraulische Übersetzung

Für p = const. gilt:

$$\frac{F_1}{F_2} = \frac{A_1}{A_2}$$

für v = const. gilt:

$$A_1 \cdot s_1 = A_2 \cdot s_2$$

$$p = \frac{F_1}{A_1} \qquad p = \frac{F_2}{A_2}$$

$$F_1 = p \cdot A_1 \qquad F_2 = p \cdot A_2$$

$$A_1 = \frac{F_1}{p} \qquad A_2 = \frac{F_2}{p}$$

$$i_{hyd} = \frac{F_1}{F_2}$$

$$F_1 = i_{hyd} \cdot F_2 \qquad F_2 = \frac{F_1}{i_{hyd}}$$

$$i_{hyd} = \frac{A_1}{A_2}$$

$$A_1 = i_{hyd} \cdot A_2 \qquad A_2 = \frac{A_1}{i_{hyd}}$$

$$i_{hyd} = \frac{d_1^2}{d_2^2}$$

$$d_1 = \sqrt{i_{hyd} \cdot d_2^2} \qquad d_2 = \sqrt{\frac{d_1^2}{i_{hyd}}}$$

$$i_{hyd} = \frac{s_2}{s_1}$$

$$s_1 = \frac{s_2}{i_{hyd}} \qquad s_2 = i_{hyd} \cdot s_1$$

Druckübersetzer

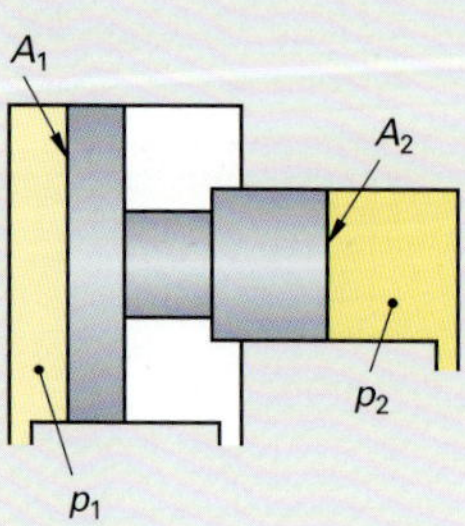

- p_1, p_2 Drücke in bar
- A_1, A_2 Kolbenflächen in cm^2
- i_{hyd} hydraulische Übersetzung

$$p_1 \cdot A_1 = p_2 \cdot A_2$$

$$p_1 = \frac{p_2 \cdot A_2}{A_1} \qquad p_2 = \frac{p_1 \cdot A_1}{A_2}$$

$$A_1 = \frac{p_2 \cdot A_2}{p_1} \qquad A_2 = \frac{p_1 \cdot A_1}{p_2}$$

$$i_{hyd} = \frac{A_2}{A_1}$$

$$A_1 = \frac{A_2}{i_{hyd}} \qquad A_2 = A_1 \cdot i_{hyd}$$

Hydraulik (Fortsetzung)

Kolbenkräfte in Zylindern

Ausfahren

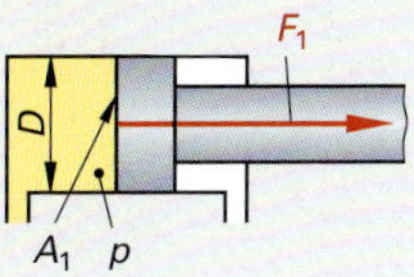

Einfahren

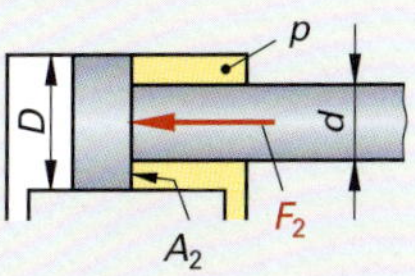

p	Flüssigkeitsdruck in N/cm²; bar
F_1, F_2	Kolbenkräfte in N
A_1, A_2	wirksame Kolbenflächen in cm²
D	Kolbendurchmesser in cm
d	Kolbenstangendurchmesser in cm

1 bar = 10 N/cm²

Ausfahren

$$F_1 = A_1 \cdot p$$

$$A_1 = \frac{\pi \cdot D^2}{4}$$

Einfahren

$$F_2 = A_2 \cdot p$$

$$A_2 = \frac{\pi}{4} \cdot (D^2 - d^2)$$

Kolbenkräfte eines einfachen Teleskopzylinders

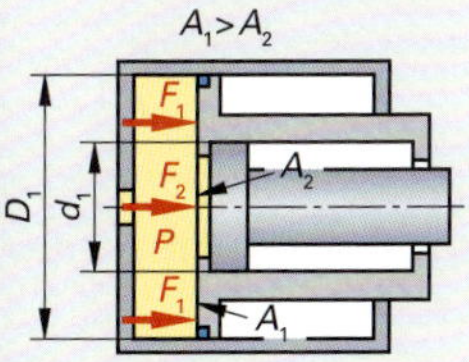

F_1, F_2	Kolbenkräfte in N
p	Flüssigkeitsdruck in bar
A_1, A_2	wirksame Kolbenfläche in cm²
D_1, d_1	Kolbendurchmesser in cm

Das Einfahren der Kolben erfolgt durch äußere Kräfte.

Ausfahren Stufe 1

$$F_1 = A_1 \cdot p$$

Ausfahren Stufe 2

$$F_2 = A_2 \cdot p$$

Saughöhe

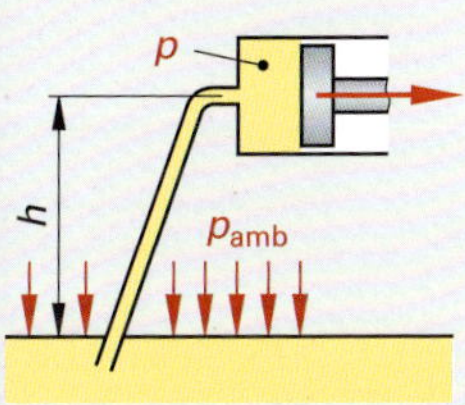

h	Saughöhe in m (negativer Zahlenwert)
p	Ansaugdruck in N/m² (negativer Zahlenwert)
ϱ	Dichte der Flüssigkeit in kg/m³
g	Fallbeschleunigung in m/s²

1 N/m² = 1 Pa
100 000 Pa = 1 bar

$$h = \frac{p}{\varrho \cdot g}$$

$$p = \varrho \cdot g \cdot h$$

Durchflussgeschwindigkeit

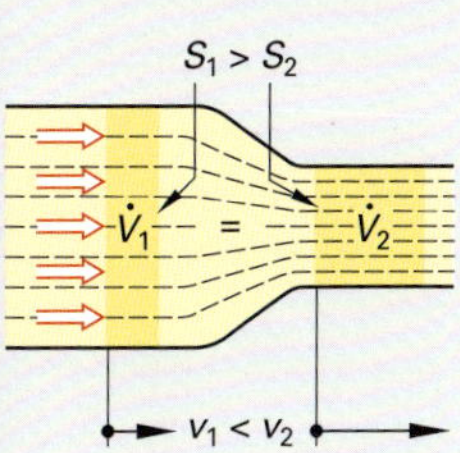

v_1, v_2	Durchflussgeschwindigkeit in cm/s
S_1, S_2	Rohrquerschnitte in cm²
$\dot{V}$	Volumenstrom in cm³/s

$\dot{V}_1 = \dot{V}_2$

$$v_1 = \frac{\dot{V}}{S_1}$$

$$\dot{V} = S_1 \cdot v_1$$

$$v_2 = \frac{\dot{V}}{S_2}$$

$$\dot{V} = S_2 \cdot v_2$$

Pneumatik

Allgemeine Gasgleichung (Druck, Volumen und Temperatur von Gasen)

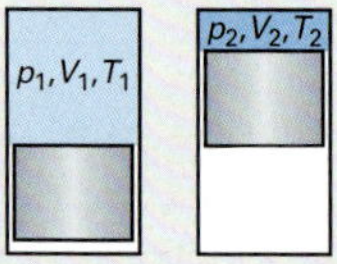

$p_1 < p_2$

$V_1 > V_2$

$T_1 < T_2$

Ausgangszustand	
p_1	absoluter Druck in bar
V_1	Volumen in l
T_1	Temperatur in K
Endzustand	
p_2	absoluter Druck in bar
V_2	Volumen in l
T_2	Temperatur in K

$$\frac{p_1 \cdot V_1}{T_1} = \frac{p_2 \cdot V_2}{T_2}$$

$$p_2 = \frac{p_1 \cdot V_1 \cdot T_2}{V_2 \cdot T_1}$$

$$T_2 = \frac{p_2 \cdot V_2 \cdot T_1}{p_1 \cdot V_1}$$

$$V_2 = \frac{p_1 \cdot V_1 \cdot T_2}{p_2 \cdot T_1}$$

Druck und Volumen bei gleichbleibender Temperatur

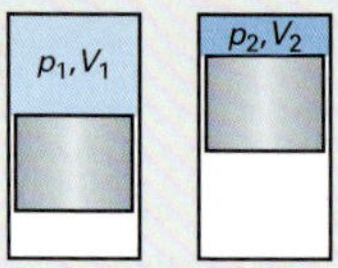

$T_1 = T_2$

$p_1 < p_2$

$V_1 > V_2$

p_1, p2	absolute Drücke in bar
V_1, V_2	Volumen in l

$$p_1 \cdot V_1 = p_2 \cdot V_2$$

$$p_2 = \frac{p_1 \cdot V_1}{V_2}$$

$$V_2 = \frac{p_1 \cdot V_1}{p_2}$$

Temperatur und Volumen bei gleichbleibendem Druck

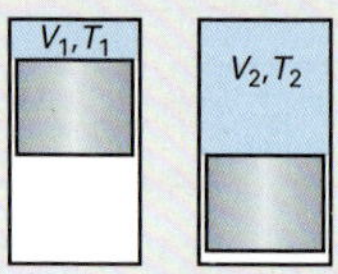

$p_1 = p_2$

$V_1 < V_2$

$T_1 < T_2$

V_1, V_2	Volumen vor bzw. nach Erwärmung in l
T_1, T_2	Temperatur vor bzw. nach Erwärmung in K

$$\frac{V_1}{V_2} = \frac{T_1}{T_2}$$

$$T_2 = \frac{V_2 \cdot T_1}{V_1}$$

$$V_2 = \frac{V_1 \cdot T_2}{T_1}$$

Temperatur und Druck bei gleichbleibendem Volumen

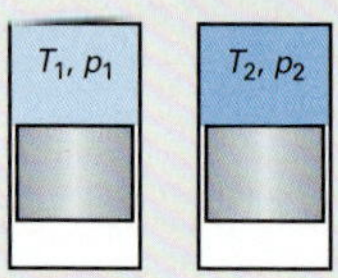

$V_1 = V_2$

$T_1 < T_2$

$p_1 < p_2$

p_1, p_2	Gasdruck vor bzw. nach Erwärmung in bar
T_1, T_2	Temperatur vor bzw. nach Erwärmung in K

$$\frac{p_1}{p_2} = \frac{T_1}{T_2}$$

$$p_2 = \frac{p_1 \cdot T_2}{T_1}$$

$$T_2 = \frac{T_1 \cdot p_2}{p_1}$$

Gasentnahme aus Gasflaschen (Näherungsformel)

Voraussetzung:
Die Temperatur der Gasflasche bleibt während der Gasentnahme gleich;
der Atmosphärendruck beträgt $\approx$ 1000 hPa.

V	Gasentnahme in l
V_{Beh}	Behältervolumen in l
Δp	Druckabfall in bar

$$V = \Delta p \cdot V_{Beh}$$

$$\Delta p = \frac{V}{V_{Beh}}$$

Wärmetechnik

Temperatureinheiten

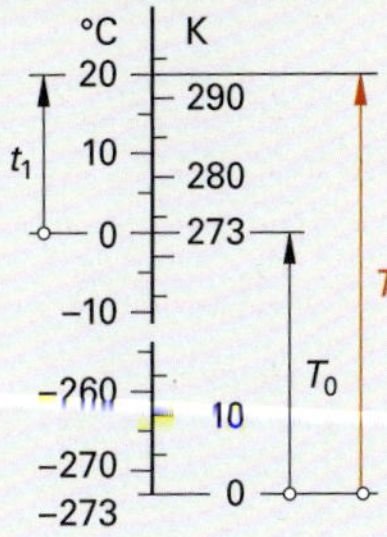

t, t_1, t_2	Temperaturen in °C
T, T_1, T_2	Temperaturen in K
T_0	Schmelztemperatur des Eises = 273 K = 0 °C
Δt	Temperaturdifferenz in °C
ΔT	Temperaturdifferenz in K

Temperaturdifferenz

$$1\ \text{K} = 1\ \text{°C}$$

$$T = t + T_0$$

$$\Delta t = t_2 - t_1$$

$$\Delta t = \Delta T$$

$$\Delta T = T_2 - T_1$$

Längenausdehnung

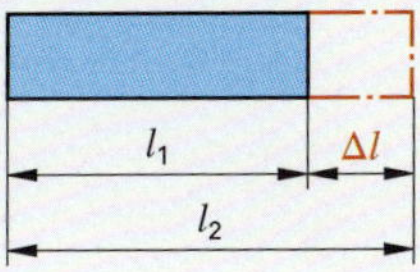

l_1	Länge vor Erwärmung in m
l_2	Länge nach Erwärmung in m
Δl	Längendifferenz in m
ΔT	Temperaturdifferenz in K
α	Längenausdehnungszahl in 1/K

$$\Delta l = l_1 \cdot \alpha \cdot \Delta T$$

$$\Delta T = \frac{\Delta l}{l_1 \cdot \alpha}$$

$$l_2 = l_1 + \Delta l$$

$$l_2 = l_1 \cdot (1 + \alpha \cdot \Delta T)$$

$$l_1 = \frac{l_2}{1 + \alpha \cdot \Delta T}$$

Raumausdehnung fester und flüssiger Stoffe

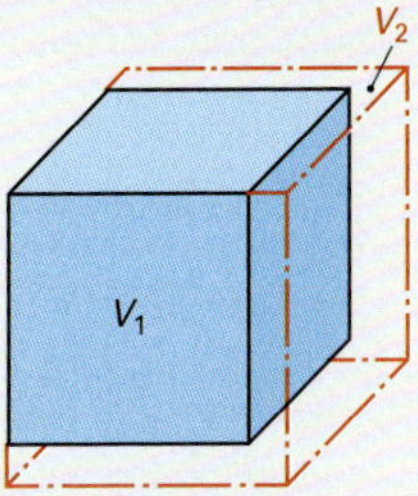

V_1	Rauminhalt vor Erwärmung in dm^3
V_2	Rauminhalt nach Erwärmung in dm^3
ΔV	Raumdifferenz in dm^3
ΔT	Temperaturdifferenz in K
γ	Raumausdehnungszahl in 1/K

Raumausdehnungszahl für feste Stoffe

$$\gamma \approx 3 \cdot \alpha$$

$$\Delta V = V_1 \cdot \gamma \cdot \Delta T$$

$$\Delta T = \frac{\Delta V}{V_1 \cdot \gamma}$$

$$V_2 = V_1 + \Delta V$$

$$V_2 = V_1 \cdot (1 + \gamma \cdot \Delta T)$$

$$V_1 = \frac{V_2}{1 + \gamma \cdot \Delta T}$$

Raumausdehnung gasförmiger Stoffe

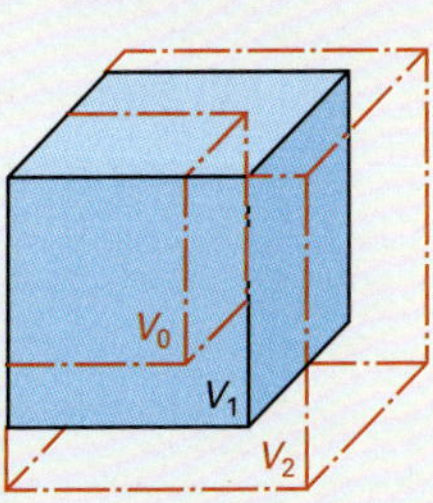

V_0	Rauminhalt bei 0 °C in dm^3
V_1	Rauminhalt vor Erwärmung in dm^3
V_2	Rauminhalt nach Erwärmung in dm^3
ΔT	Temperaturdifferenz in K
γ	Raumausdehnungszahl in 1/K

Raumausdehnungszahl für Gase

$$\gamma = \frac{1}{273}\ \frac{1}{\text{K}}$$

$$V_0 = \frac{V_1}{1 + \gamma \cdot \Delta T}$$

$$\Delta T_1 = T_1 - T_0$$

$$T_0 = 0\ \text{°C}$$

$$V_2 = V_0 \cdot (1 + \gamma \cdot \Delta T_2)$$

$$\Delta T_2 = T_2 - T_0$$

$$T_0 = 0\ \text{°C}$$

Wärmetechnik (Fortsetzung)

Verbrennungswärme, spezifischer Heizwert

Flüssige Brennstoffe	H_u MJ/kg
Spiritus	26,8
Benzol	40,5
Superbenzin	43,5
Diesel	42,5
Heizöl	42,5
Gasförmige Brennstoffe	**H_u MJ/kg**
Erdgas	47,7
Acetylen	48,1
Propan	46,3
Butan	45,6

Unter dem **spezifischen Heizwert H_u** eines Stoffes versteht man die bei der vollständigen Verbrennung von 1 kg des Stoffes frei werdende Wärmemenge.

Q Verbrennungswärme in kJ
H_u spezifischer Heizwert in kJ/kg
m Masse fester und flüssiger Brennstoffe in kg
V_B Volumen des Brennstoffs in dm³
ϱ_B Dichte des Brennstoffs in kg/dm³

$$Q = m \cdot H_u$$

$$m = \frac{Q}{H_u} \qquad H_u = \frac{Q}{m}$$

$$Q = V_B \cdot \varrho_B \cdot H_u$$

$$V_B = \frac{Q}{\varrho_B \cdot H_u} \qquad H_u = \frac{Q}{V_B \cdot \varrho_B}$$

Wärmeaufnahme, Wärmeabgabe bei Temperaturänderung

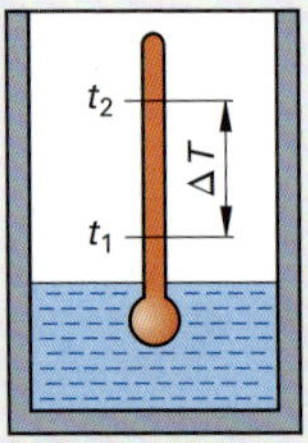

Die **spezifische Wärmekapazität *c*** gibt an, wie viel Wärme nötig ist, um 1 kg eines Stoffes um 1 °C (1 K) zu erwärmen. Bei Abkühlung wird die gleiche Wärmemenge wieder frei.

c spezifische Wärmemenge in kJ/kgK
Q Wärmemenge in kJ
ΔT Temperaturänderung in K
m Masse in kg
V Volumen des erwärmten Stoffes in dm³
ϱ Dichte des erwärmten Stoffes in kg/dm³

$$Q = m \cdot c \cdot \Delta T$$

$$\Delta T = \frac{Q}{m \cdot c}; \qquad m = \frac{Q}{c \cdot \Delta T}$$

$$Q = \varrho \cdot V \cdot c \cdot \Delta T$$

Wärmeübertragung

Die spezifische Schmelzwärme q_s bzw. Verdampfungswärme q_V ist die Wärmemenge in kJ, die einem Stoff von 1 kg zugeführt werden muss, um ihn vom festen in den flüssigen bzw. vom flüssigen in den dampfförmigen Zustand zu bringen. Bei umgekehrtem Vorgang wird die Wärme wieder frei.

Q_S Schmelzwärme in kJ
Q_V Verdampfungwärme in kJ
q_S spezifische Schmelzwärme in kJ/kg
q_V spezifische Verdampfungwärme in kJ/kg

$$Q_S = m \cdot q_S$$

$$Q_V = m \cdot q_V$$

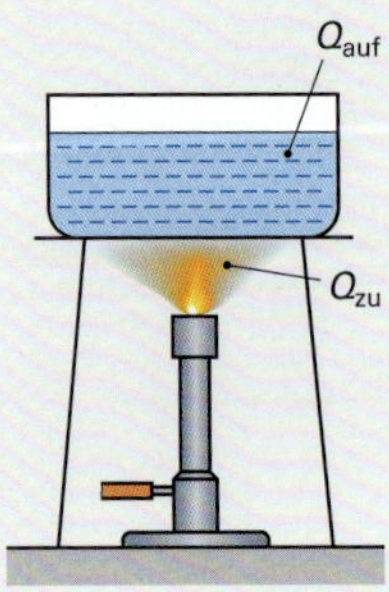

η_{th} thermischer Wirkungsgrad
Q_{auf} aufgenommene Wärmeenergie in kJ
Q_{zu} zugeführte Wärmeenergie in kJ
m_B Masse des Brennstoffs in kg
V_B Volumen des Brennstoffs in dm³
ϱ_B Dichte des Brennstoffs in kg/dm³

$$\eta_{th} = \frac{Q_{auf}}{Q_{zu}}$$

$$\eta_{th} = \frac{m \cdot c \cdot \Delta T}{m_B \cdot H_u}$$

$$\eta_{th} = \frac{V \cdot \varrho \cdot c \cdot \Delta T}{V_B \cdot \varrho_B \cdot H_u}$$

Riementrieb

Einfache Übersetzung

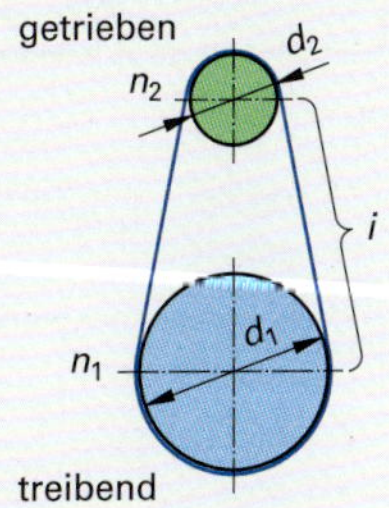

$i > 1$ Übersetzung ins Langsame

$i = 1$ direkte Übersetzung

$i < 1$ Übersetzung ins Schnelle

n_1 Drehzahl der treibenden Scheibe in 1/min

d_1 Durchmesser der treibenden Scheibe in mm

n_2 Drehzahl der getriebenen Scheibe in 1/min

d_2 Durchmesser der getriebenen Scheibe in mm

i Übersetzung

M_1 Drehmoment der treibenden Scheibe in Nm

M_2 Drehmoment der getriebenen Scheibe in Nm

Schlupf und Verluste sind nicht berücksichtigt.

$$n_1 \cdot d_1 = n_2 \cdot d_2$$

$n_1 = \frac{n_2 \cdot d_2}{d_1}$; $n_2 = \frac{n_1 \cdot d_1}{d_2}$

$d_1 = \frac{n_2 \cdot d_2}{n_1}$; $d_2 = \frac{n_1 \cdot d_1}{n_2}$

$$i = \frac{n_1}{n_2}$$

$n_1 = i \cdot n_2$; $n_2 = \frac{n_1}{i}$

$$i = \frac{d_2}{d_1}$$

$d_1 = \frac{d_2}{i}$; $d_2 = i \cdot d_1$

$$i = \frac{M_2}{M_1}$$

$M_2 = i \cdot M_1$; $M_1 = \frac{M_2}{i}$

Doppelte Übersetzung, mehrfache Übersetzung

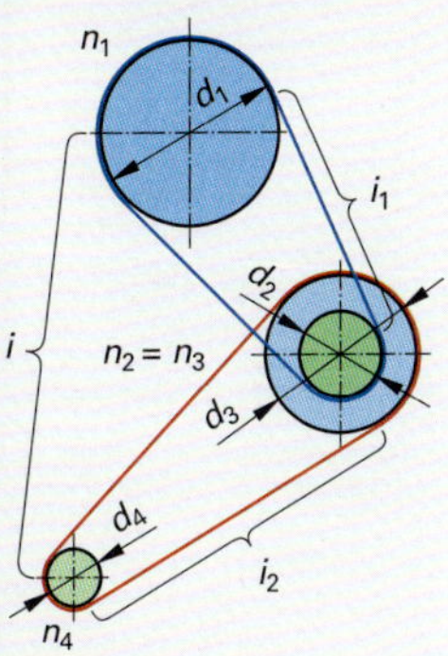

Indizes

1, 3, 5, … treibend

2, 4, 6, … getrieben

i_{ges}	Gesamtübersetzung
i_1, i_2, i_3 …	Einzelübersetzungen
n_1	Drehzahl der ersten treibenden Scheibe in 1/min
n_4	Drehzahl der letzten getriebenen Scheibe in 1/min
d_1, d_3	Durchmesser der treibenden Scheiben in mm
d_2, d_4	Durchmesser der getriebenen Scheiben in mm

$$i_{ges} = \frac{n_1}{n_4}$$

$n_1 = i_{ges} \cdot n_4$; $n_4 = \frac{n_1}{i_{ges}}$

$$i_{ges} = i_1 \cdot i_2$$

$i_1 = \frac{i_{ges}}{i_2}$; $i_2 = \frac{i_{ges}}{i_1}$

$$i_{ges} = \frac{d_2}{d_1} \cdot \frac{d_4}{d_3}$$

$i_1 = \frac{d_2}{d_1}$; $i_2 = \frac{d_4}{d_3}$

$d_1 = \frac{d_2}{i_1}$; $d_2 = i_1 \cdot d_1$

$d_3 = \frac{d_4}{i_2}$; $d_4 = i_2 \cdot d_3$

$$i_{ges} = i_1 \cdot i_2 \cdot i_3 \cdot \ldots$$

Zahnradtrieb

Einfache Übersetzung

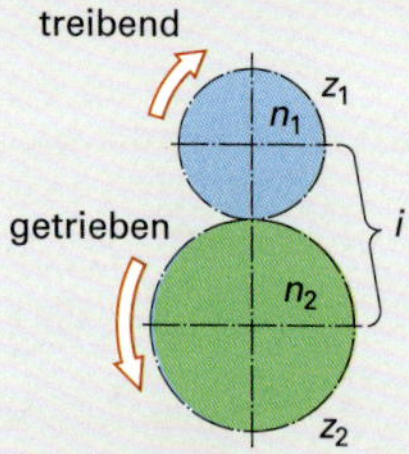

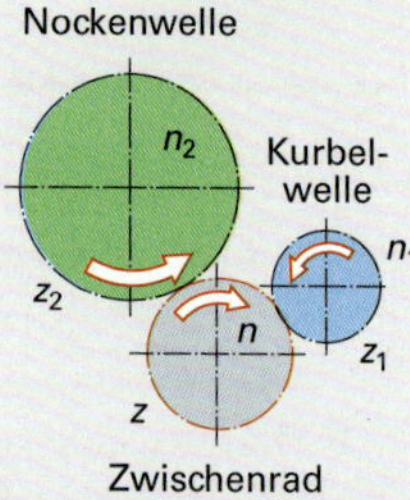

n_1	Drehzahl des treibenden Rades in 1/min
z_1	Zähnezahl des treibenden Rades
n_2	Drehzahl des getriebenen Rades in 1/min
z_2	Zähnezahl des getriebenen Rades
i	Übersetzung
M_1	Drehmoment des treibenden Rades in Nm
M_2	Drehmoment des getriebenen Rades in Nm

Zwischenrad. Es hat auf die Übersetzung keinen Einfluss, ändert jedoch den Drehsinn des getriebenen Rades. Es überbrückt Achsabstände.

Schlupf und Verluste sind nicht berücksichtigt.

$$n_1 \cdot z_1 = n_2 \cdot z_2$$

$$n_1 = \frac{n_2 \cdot z_2}{z_1}; \quad n_2 = \frac{n_1 \cdot z_1}{z_2}$$

$$z_1 = \frac{n_2 \cdot z_2}{n_1}; \quad z_2 = \frac{n_1 \cdot z_1}{n_2}$$

$$i = \frac{n_1}{n_2}$$

$$i = \frac{z_2}{z_1}$$

$$i = \frac{M_2}{M_1}$$

Doppelte Übersetzung, mehrfache Übersetzung

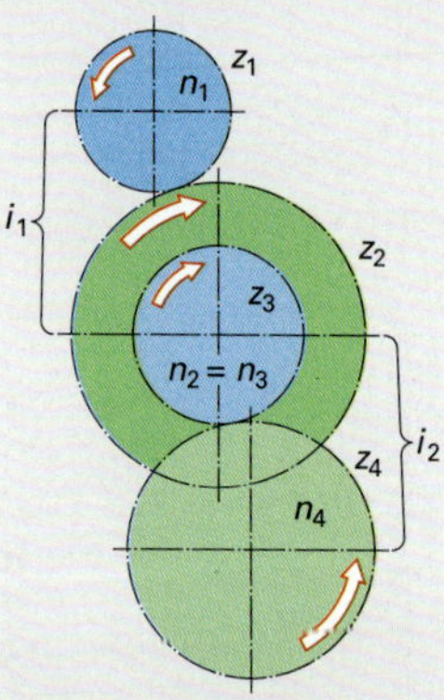

i_{ges}	Gesamtübersetzung
$i_1, i_2, i_3 \ldots$	Einzelübersetzungen
n_1	Drehzahl des ersten treibenden Rades in 1/min
n_4	Drehzahl des letzten getriebenen Rades in 1/min
z_1, z_3	Zähnezahlen der treibenden Räder
z_2, z_4	Zähnezahlen der getriebenen Räder

$$z_1 = \frac{z_2}{i_1}; \quad z_3 = \frac{z_4}{i_2}$$

$$z_2 = i_1 \cdot z_1 \quad z_4 = i_2 \cdot z_3$$

$$i_{ges} = i_1 \cdot i_2$$

$$i_{ges} = \frac{n_1}{n_4}$$

$$i_{ges} = \frac{z_2}{z_1} \cdot \frac{z_4}{z_3}$$

$$i_1 = \frac{z_2}{z_1}; \quad i_2 = \frac{z_4}{z_3}$$

$$i_{ges} = i_1 \cdot i_2 \cdot i_3 \ldots$$

Einfaches Planetengetriebe

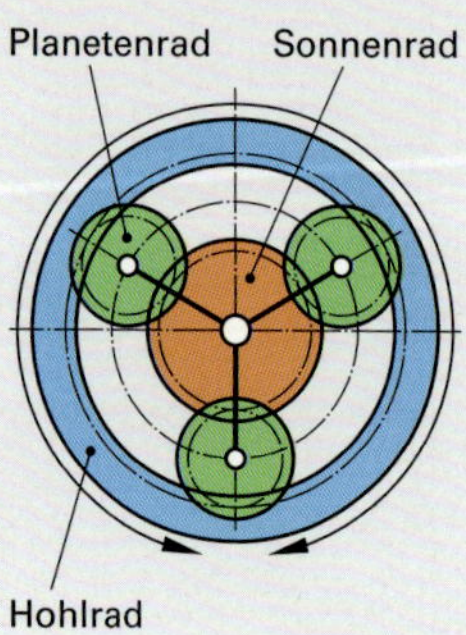

i	Übersetzung
z_0	Zähnezahl des feststehenden Rades
z_1	Zähnezahl des treibenden Rades
z_2	Zähnezahl des getriebenen Rades

Sind zwei Getriebeteile verblockt, so ist i = 1,0

Planetenradträger treibend:

$$i = \frac{z_2}{z_2 + z_0}$$

Planetenradträger angetrieben:

$$i = \frac{z_1 + z_0}{z_1}$$

Planetenradträger feststehend:

$$i = -\frac{z_2}{z_1}$$

Minus (–) für Drehsinnumkehr

Hubraum

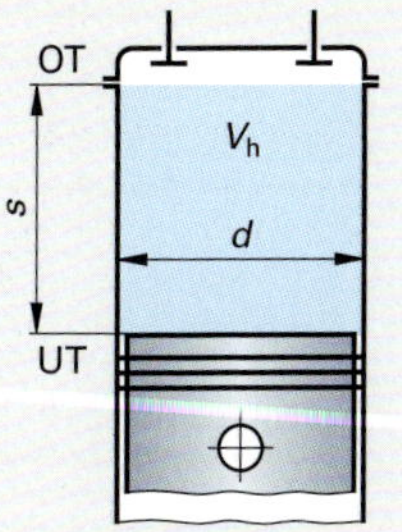

d	Zylinderdurchmesser in cm
s	Hub in cm
V_h	Zylinderhubraum in cm^3
z	Zylinderanzahl
V_H	Gesamthubraum in cm^3
A	Zylinderquerschnittsfläche in cm^2

$$V_h = A \cdot s$$

$$V_h = \frac{\pi \cdot d^2}{4} \cdot s$$

$$d = \sqrt{\frac{4 \cdot V_h}{\pi \cdot s}} \qquad s = \frac{4 \cdot V_h}{\pi \cdot d^2}$$

$$V_H = V_h \cdot z$$

Verdichtungsverhältnis

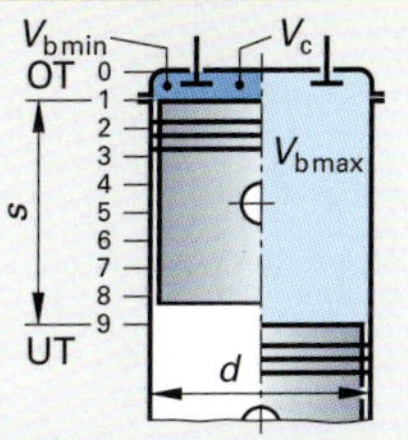

Motorart	ε
Ottomotoren	7 … 12
Dieselmotoren	14 … 25

ε	Verdichtungsverhältnis
V_c	Verdichtungsraum in cm^3
V_h	Zylinderhubraum in cm^3
V_b	Verbrennungsraum in cm^3
$V_{b\,max}$	Größtwert des Verbrennungsraumes in cm^3 (Kolben in UT)
$V_{b\,min}$	Kleinstwert des Verbrennungsraumes in cm^3 (Kolben in OT)

$$\varepsilon = \frac{V_{b\,max}}{V_{b\,min}}$$

$$V_{b\,max} = V_h + V_c \qquad V_{b\,min} = V_c$$

$$\varepsilon = \frac{V_h + V_c}{V_c}$$

$$V_h = V_c \cdot (\varepsilon - 1) \qquad V_c = \frac{V_h}{\varepsilon - 1}$$

Verdichtungsänderung

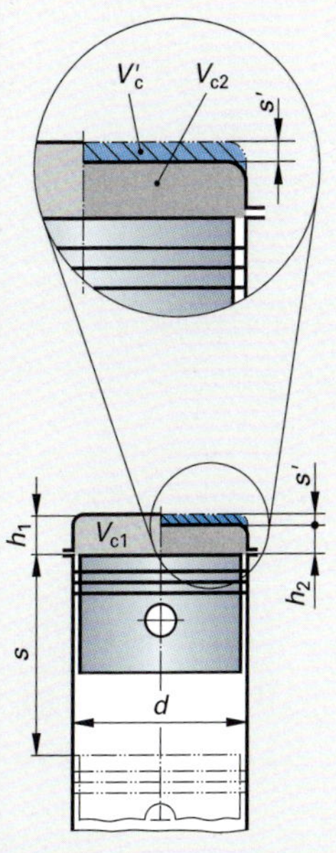

V_{c1}	Verdichtungsraum in cm^3 vor der Verdichtungsänderung
V_{c2}	Verdichtungsraum in cm^3 nach der Verdichtungsänderung
ε_1	Verdichtungsverhältnis vor der Änderung
ε_2	Verdichtungsverhältnis nach der Änderung
V'_c	Volumenänderung des Verdichtungsraumes in cm^3 (Zu- oder Abnahme)
s'	Änderung der Höhe des Verdichtungsraumes in cm
s	Hub in cm
A	Zylinderquerschnittsfläche in cm^2

$$V'_c = A \cdot s'$$

$$\varepsilon_2 = \frac{V_h + V_{c2}}{V_{c2}}$$

Verdichtungserhöhung

$$V_{c2} = V_{c1} - V'_c$$

$$s' = \frac{V_{c1} - V_{c2}}{A}$$

$$s' = \frac{s}{\varepsilon_1 - 1} - \frac{s}{\varepsilon_2 - 1}$$

$$\varepsilon_2 = \frac{s \cdot (\varepsilon_1 - 1)}{s - s' \cdot (\varepsilon_1 - 1)} + 1$$

Verdichtungserniedrigung

$$V_{c2} = V_{c1} + V'_c$$

$$s' = \frac{V_{c2} - V_{c1}}{A}$$

$$s' = \frac{s}{\varepsilon_2 - 1} - \frac{s}{\varepsilon_1 - 1}$$

$$\varepsilon_2 = \frac{s \cdot (\varepsilon_1 - 1)}{s + s' \cdot (\varepsilon_1 - 1)} + 1$$

Hubverhältnis

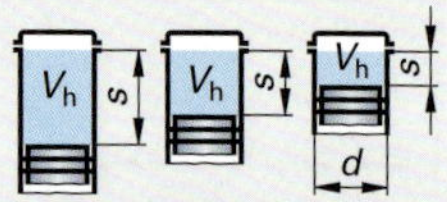

Motorart	*k*
Ottomotoren	0,7 … 1,2
Dieselmotoren	0,8 … 1,3

k Hubverhältnis
s Hub in mm
d Zylinderdurchmesser in mm

$s > d$	Langhuber	$k > 1$
$s = d$	Quadrathuber	$k = 1$
$s < d$	Kurzhuber	$k < 1$

$$k = \frac{s}{d}$$

$$s = k \cdot d$$

$$d = \frac{s}{k}$$

Pleuelstangenverhältnis

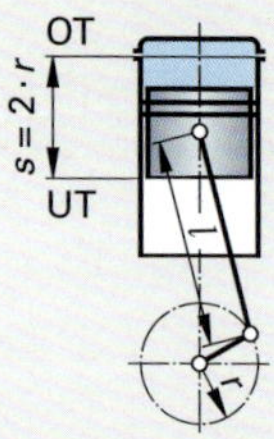

λ_{Pl} Pleuelstangenverhältnis
s Hub in mm
l Pleuelstangenlänge in mm
r Kurbelradius in mm

Motorart	λ_{Pl}
Ottomotoren	0,21 … 0,31
Dieselmotoren	0,22 … 0,33

$$\lambda_{Pl} = \frac{r}{l}$$

$$r = \lambda_{Pl} \cdot l$$

$$l = \frac{r}{\lambda_{Pl}}$$

$$s = 2 \cdot r$$

$$r = \frac{s}{2}$$

Kolbenweg

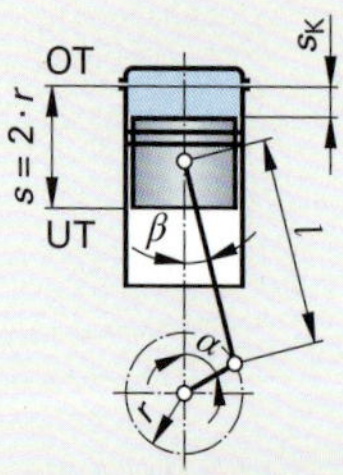

s_K Kolbenweg in mm
l Pleuelstangenlänge in mm
r Kurbelradius in mm
α Kurbelwinkel in °
β Pleuelstangenwinkel in °

$$s_K = r \cdot (1 - \cos\alpha) + l \cdot (1 - \cos\beta)$$

Kolbengeschwindigkeit

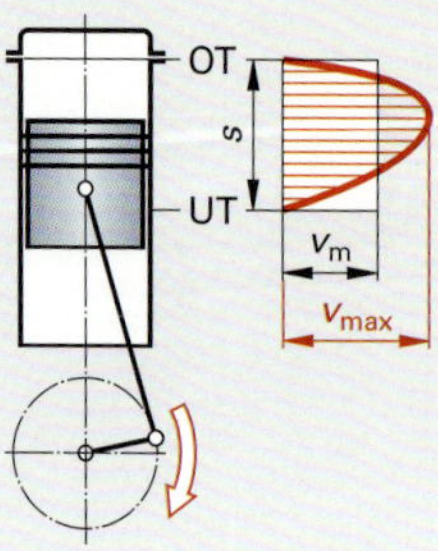

Die Geschwindigkeit des Kolbens in OT und UT ist Null. Dazwischen liegt der Höchstwert der Kolbengeschwindigkeit. Er wird erreicht, wenn Pleuelstange und Kurbelwange etwa einen rechten Winkel bilden.

v_m mittlere Kolbengeschwindigkeit in m/s
v_{max} maximale Kolbengeschwindigkeit in m/s
s Hub in m
n Motordrehzahl in 1/min

Motorart	v_m in m/s
Ottomotoren	8 … 16
Dieselmotoren	9 … 14

$$v_m = \frac{s \cdot n}{30}$$

$$s = \frac{30 \cdot v_m}{n}$$

$$n = \frac{30 \cdot v_m}{s}$$

$$v_{max} \approx 1{,}6 \cdot v_m$$

$$v_m \approx \frac{v_{max}}{1{,}6}$$

Gasdruck und Kolbenkraft

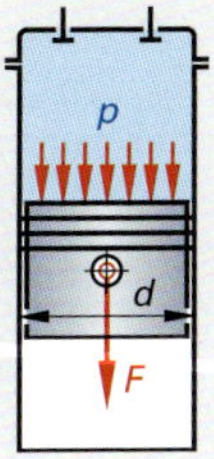

p Druck in N/cm^2
A Kolbenfläche in cm^2
d Kolbendurchmesser in cm
F Kolbenkraft in N

1 bar = 10 N/cm²
1 N/cm² = 0,1 bar

$$p = \frac{F}{A}$$

$$F = p \cdot A \qquad A = \frac{F}{p}$$

$$p = \frac{F \cdot 4}{d^2 \cdot \pi}$$

$$d = \sqrt{\frac{F \cdot 4}{p \cdot \pi}}$$

$$F = \frac{p \cdot d^2 \cdot \pi}{4}$$

Kräfte am Kurbeltrieb

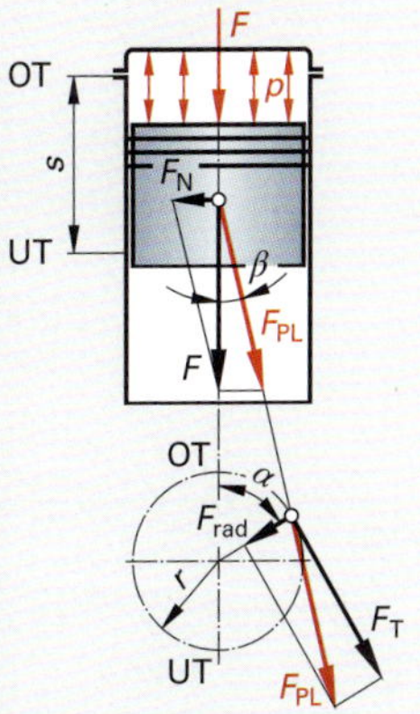

A Kolbenfläche in cm^2
p Gasdruck in N/cm^2
F Kolbenkraft in N
F_N Normalkraft (Seitenkraft) in N
F_{Pl} Pleuelstangenkraft in N
F_{rad} Radialkraft in N
F_T Tangentialkraft in N
l Pleuelstangenlänge in m
r Kurbelradius in m
λ_{Pl} Pleuelstangenverhältnis ($\lambda_{Pl} = r / l$)
M Drehmoment in Nm
α Kurbelwinkel in °
β Pleuelstangenwinkel in °

1 bar = 10 N/cm²
1 N/cm² = 0,1 bar

$$F = A \cdot p$$

$$F_N = F \cdot \tan \beta$$

$$F_{Pl} = \frac{F}{\cos \beta}$$

$$F_T = \frac{F \cdot \sin(\alpha + \beta)}{\cos \beta}$$

$$F_{rad} = \frac{F \cdot \cos(\alpha + \beta)}{\cos \beta}$$

$$M = F_T \cdot r$$

$$\sin \beta = \lambda_{Pl} \cdot \sin \alpha$$

$$\sin \beta = \frac{r \cdot \sin \alpha}{l}$$

Kolbeneinbauspiel

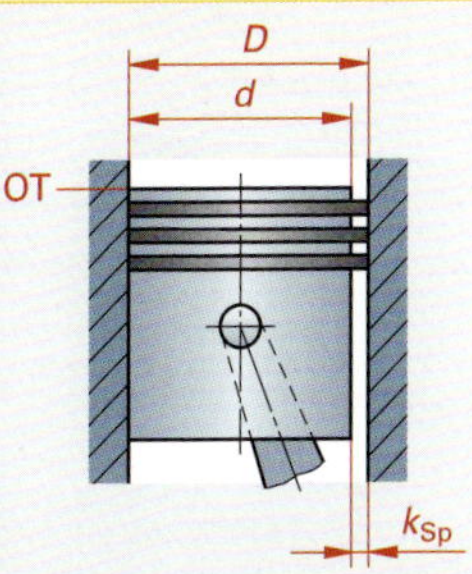

k_{Sp} Kolbeneinbauspiel in m
D Zylinderdurchmesser in mm
d größter Kolbendurchmesser in mm

$$k_{Sp} = D - d$$

Steuerwinkel, Steuerzeiten, Ventilöffnungszeit (Viertaktmotor)

Einlassdiagramm

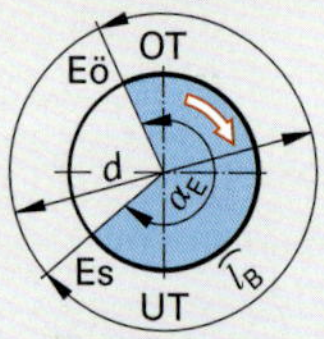

Auslassdiagramm

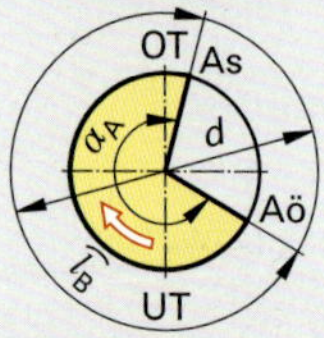

Steuerdiagramm
Überschneidung $\alpha_Ü$

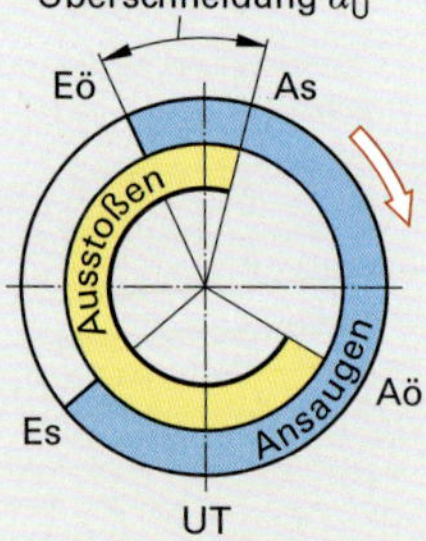

- α Winkel in °; z. B. Öffnungswinkel
- α_E Öffnungswinkel des Einlassventils in °
- α_A Öffnungswinkel des Auslassventils in °
- $\alpha_Ü$ Ventilüberschneidung in °
- l_B Bogenlänge in mm, gemessen auf dem Einstellkreis bzw. auf dem Schwungrad
- d Durchmesser des Kreises in mm, auf dem sich die Einstellmarkierung befindet
- t Ventilöffnungszeit je Arbeitsspiel in s
- t_1 Ventilöffnungszeit je Minute Motorlaufzeit in s/min
- n Motordrehzahl in 1/min
- Eö Einlassventil öffnet
- Es Einlassventil schließt
- Aö Auslassventil öffnet
- As Auslassventil schließt

$$\alpha_E = \alpha_{Eö} + 180° + \alpha_{Es}$$

$$\alpha_A = \alpha_{Aö} + 180° + \alpha_{As}$$

$$\alpha_Ü = \alpha_{Eö} + \alpha_{As}$$

$$l_B = \frac{\pi \cdot d \cdot \alpha}{360°}$$

$$\alpha = \frac{360° \cdot l_B}{\pi \cdot d}$$

$$d = \frac{360° \cdot l_B}{\pi \cdot \alpha}$$

$$t = \frac{\alpha}{6 \cdot n}$$

$$n = \frac{\alpha}{6 \cdot t}$$

$$\alpha = 6 \cdot n \cdot t$$

Ventilöffnungsfläche, Gasgeschwindigkeit

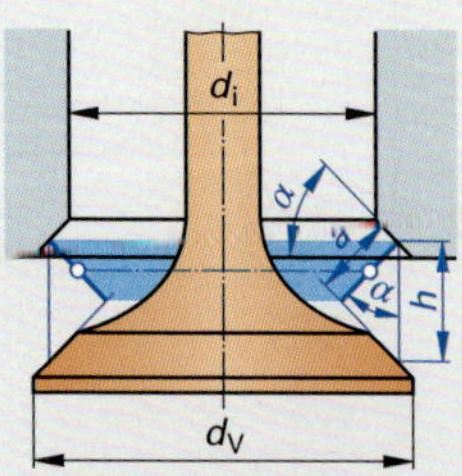

$$\cos\alpha = \frac{a}{h}$$

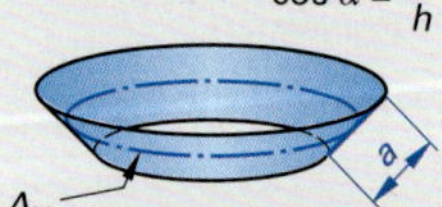

Öffnungsfläche des Ventils A_V

- A_V Öffnungsfläche des Ventils in cm^2
- a Öffnung in cm
- d_V Ventiltellerdurchmesser in cm
- d_i Kanaldurchmesser in cm
- h Ventilhub in cm ($h = 0{,}1 \cdot d_V \dots 0{,}35 \cdot d_V$)
- v_g mittlere Gasgeschwindigkeit in m/s
- v_m mittlere Kolbengeschwindigkeit in m/s
- α Ventilsitzwinkel in °
- A Kolbenfläche in cm^2

Mittlere Gasgeschwindigkeit v_g in m/s	
Einlassventil	50 … 110
Auslassventil	70 … 120
Saugrohr	60 … 180
Lufttrichter	100 … 300

$$A_V = \pi \cdot d_V \cdot a$$

$$a = h \cdot \cos\alpha$$

$$A_V = \pi \cdot d_V \cdot h \cdot \cos\alpha$$

$$h = \frac{A_V}{\pi \cdot d_V \cdot \cos\alpha}$$

$$d_V = \frac{A_V}{\pi \cdot h \cdot \cos\alpha}$$

$$v_g = \frac{A \cdot v_m}{A_V}$$

$$A_V = \frac{A \cdot v_m}{v_g}$$

$$A = \frac{A_V \cdot v_g}{v_m}$$

$$v_m = \frac{A_V \cdot v_g}{A}$$

Luftverhältnis λ

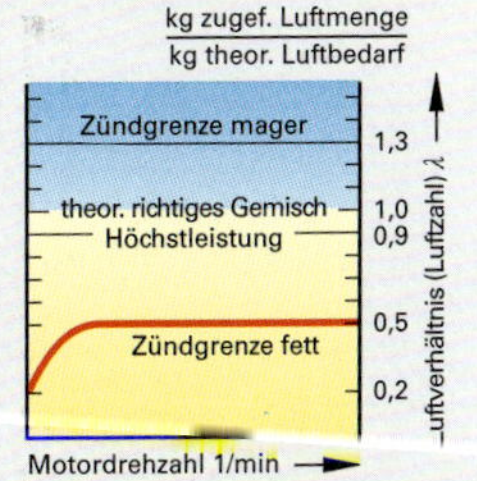

λ Luftverhältnis (Luftzahl)
L_{zu} zugeführte Luftmenge in kg/kg (kg Luft/kg Kraftstoff)
L_{th} theoretischer Luftbedarf in kg/kg (Mindestluftmenge in kg Luft/kg Kraftstoff)
$\dot{m}_L$ Luftverbrauch in kg/h
$\dot{m}_K$ Kraftstoffverbrauch in kg/h

$$\lambda = \frac{L_{zu}}{L_{th}}$$

$$L_{th} = \frac{L_{zu}}{\lambda} \qquad L_{zu} = \lambda \cdot L_{th}$$

$$\lambda = \frac{\dot{m}_L}{L_{th} \cdot \dot{m}_K}$$

Liefergrad (Füllungsgrad)

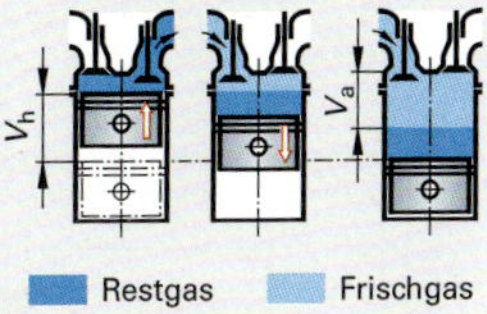

λ_L Liefergrad (Füllungsgrad)
V_a Frischladung des Zylinders vor der Zündung in m^3
V_h Zylinderhubraum in m^3

$$\lambda_L = \frac{V_a}{V_h}$$

Motorart	λ_L
Saugmotor	< 1 (0,6…1,0)
Ladermotor	> 1 (1,2…1,6)

Luftverbrauch, Luftbedarf

Spezifischer Heizwert H_u

Dieselkraftstoff	42 500 kJ/kg
Superbenzin	43 500 kJ/kg

Dichte ϱ

Dieselkraftstoff	~ 0,84 kg/l
Superbenzin	~ 0,765 kg/l

L_{zu} zugeführte Luftmenge in kg/kg (kg Luft/kg Kraftstoff)
$L_{zu\,v}$ zugeführte Luftmenge in m^3/kg (m^3 Luft/kg Kraftstoff)
m_L Luftmasse in kg
m_K Kraftstoffmasse in kg
$\dot{m}_L$ Luftverbrauch in kg/h
$\dot{m}_K$ Kraftstoffverbrauch in kg/h
λ Luftverhältnis (Luftzahl)
L_{th} theoretischer Luftbedarf in kg/kg (Mindestluftmenge in kg Luft/kg Kraftstoff)
V_L erforderliche Luftmenge in m^3/100 km
k_s Kraftstoffverbrauch in l/100 km
ϱ Dichte des Kraftstoffs in kg/l
$\dot{V}_a$ angesaugte Luftmenge in l/h
V_h Zylinderhubraum in l
z Zylinderanzahl
n Motordrehzahl in 1/min
ϱ_L Dichte der Luft in kg/m^3
$x = 2$ Viertaktmotor
$x = 1$ Zweitaktmotor

$$L_{zu} = \frac{m_L}{m_K}$$

$$L_{zu} = \frac{\dot{m}_L}{\dot{m}_K}$$

$$L_{zu\,v} = \frac{L_{zu}}{\varrho_L}$$

$$L_{zu\,v} = \frac{m_L}{m_K \cdot \varrho_L}$$

$$\dot{m}_L = \lambda \cdot L_{th} \cdot \dot{m}_K$$

$$V_L = k_s \cdot L_{zu\,v} \cdot \varrho$$

$$\dot{V}_a = \frac{60 \cdot V_h \cdot z \cdot n \cdot \lambda_L}{x}$$

CO_2-Emission

Gewichtsanteile G_C

G_C	C in %	H in %
Superbenzin	86	14
Diesel	87	13

m_K Kraftstoffmasse in kg
m_{CO_2} erzeugte CO_2-Emission in kg
$m_{CO_2/km}$ spezifische CO_2-Emission in g/kg
G_C Gewichtsanteil des Kohlenstoffs im Kraftstoff in %
s Strecke in km

$$m_{CO_2} = 3{,}667 \cdot G_C \cdot m_K$$

$$m_{CO_2/km} = \frac{m_{CO_2}}{1000 \cdot s}$$

Kraftstoff-Durchschnittsverbrauch (Streckenverbrauch)

Hinweis:
Zulässiger Flottenverbrauch des Herstellers in der EU ab 2020:
Benziner: ≈ 4,1 l/100 km
Diesel: ≈ 3,6 l/100 km

k_s Kraftstoff-Durchschnittsverbrauch in l/100 km
V_K Kraftstoffverbrauch in l
s Strecke in km (Fahrbereich)

$$k_s = \frac{100 \cdot V_K}{s}$$

$$s = \frac{100 \cdot V_K}{k_s} \qquad V_K = \frac{k_s \cdot s}{100}$$

Kraftstoffverbrauch von Kfz nach DIN 70 030-2 (Lkw, Omnibusse, Krafträder)

Messbedingungen:
Trockene, ebene Fahrbahn, windstill,
s = 10 km hin und zurück,
¾ der Höchstgeschwindigkeit, jedoch nicht mehr als 110 km/h.

k Kraftstoffverbrauch in l/100 km
V_K Kraftstoffverbrauch in l
s Prüfstrecke in km (hin und zurück)

$$k = \frac{1{,}1 \cdot V_K \cdot 100}{s}$$

$$s = \frac{1{,}1 \cdot V_K \cdot 100}{k}$$

$$V_K = \frac{k \cdot s}{1{,}1 \cdot 100}$$

Verbrauchsangabe von Pkw nach Richtlinie 93/116/EG vom 1.1.1996

Stadtfahrt (EG-Testzyklus) mit Kaltstart ergibt Verbrauch C_S innerorts.
Gewichtungsfaktor
= 36,8 % · C_S

Überlandfahrt (EG-Testzyklus) ergibt Verbrauch C_L außerorts.
Gewichtungsfaktor
= 63,2 % · C_L

C_{EG} Kraftstoffverbrauch nach EG in l/100 km
C_L Kraftstoffverbrauch außerorts in l/100 km
C_S Kraftstoffverbrauch innerorts in l/100 km
C Kraftstoffverbrauch in l/100 km
V_K Kraftstoffverbrauch in l
s Weg in km
m_K Kraftstoffverbrauch in kg ($m_K = V_K \cdot \varrho$)
ϱ Dichte des Kraftstoffs

$$C_{EG} = 0{,}368 \cdot C_s + 0{,}632 \cdot C_L$$

$$C_{S/L} = \frac{100 \cdot V_K}{s}$$

$$C_{S/L} = \frac{100 \cdot m_K}{s \cdot \varrho}$$

Spezifischer Kraftstoffverbrauch

Motorart	Fahrzeug	b_{eff} in g/kWh
Otto	Krad Pkw	> 300 > 250
Diesel	Pkw Nkw	> 190 > 180

b_{eff} spezifischer Kraftstoffverbrauch in g/kWh
$\dot{m}_K$ Kraftstoffverbrauch in kg/h
V_K Kraftstoffvolumen (Messvolumen) in l
t Durchflusszeit des Kraftstoffs in s
ϱ Dichte des Kraftstoffs in g/cm³ (kg/l)
H_u spezifischer Heizwert in kJ/kg
P_{eff} Nutzleistung in kW
η_{eff} Nutzwirkungsgrad

$$b_{eff} = \frac{3\,600\,000 \cdot V_K \cdot \varrho}{t \cdot P_{eff}}$$

$$b_{eff} = \frac{1000 \cdot \dot{m}_K}{P_{eff}}$$

$$b_{eff} = \frac{3\,600\,000}{\eta_{eff} \cdot H_u}$$

Kraftstoffverbrauch (Prüfstand)

$\dot{m}_K$ Kraftstoffverbrauch in kg/h
$\dot{V}_K$ Kraftstoffverbrauch in l/h
b_{eff} spezifischer Kraftstoffverbrauch in g/kWh
V_K Kraftstoffverbrauch (Messvolumen) in l
t Durchflusszeit des Kraftstoffs in s
ϱ Dichte des Kraftstoffs in g/cm³ (kg/l)
H_u spezifischer Heizwert in kJ/kg
P_{eff} Nutzleistung in kW
η_{eff} Nutzwirkungsgrad

$$\dot{m}_K = \frac{3600 \cdot V_K \cdot \varrho}{t}$$

$$\dot{m}_K = \frac{b_{eff} \cdot P_{eff}}{1000}$$

$$\dot{m}_K = \frac{3600 \cdot P_{eff}}{H_u \cdot \eta_{eff}}$$

$$\dot{V}_K = \frac{\dot{m}_K}{\varrho}$$

Kraftstoff-Einspritzmenge pro Arbeitstakt

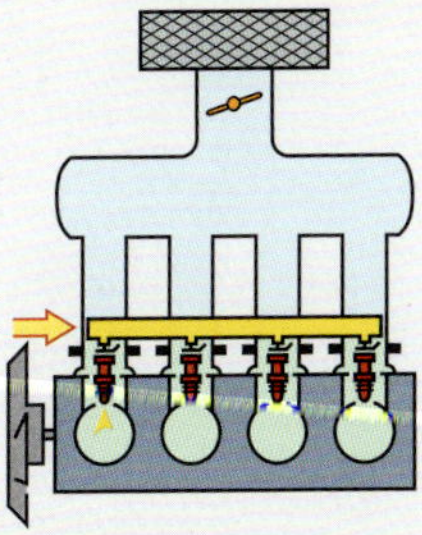

V_E Einspritzmenge pro Arbeitstakt in mm^3
b_{eff} spezifischer Kraftstoffverbrauch in g/kWh
P_{eff} Nutzleistung in kW
n Motordrehzahl in 1/min
ϱ Kraftstoffdichte in g/cm^3 (kg/l)
z Zylinderanzahl
$\dot{m}_K$ Kraftstoffverbrauch in kg/h
$\dot{V}_K$ Kraftstoffverbrauch in l/h
$x = 1$ Zweitaktmotor
$x = 2$ Viertaktmotor

$$V_E = \frac{1000 \cdot P_{eff} \cdot b_{eff} \cdot x}{60 \cdot n \cdot \varrho \cdot z}$$

$$V_E = \frac{1\,000\,000 \cdot \dot{m}_K \cdot x}{60 \cdot n \cdot \varrho \cdot z}$$

$$V_E = \frac{1\,000\,000 \cdot \dot{V}_K \cdot x}{60 \cdot n \cdot z}$$

Mischungsverhältnis für 2-Takt-Motoren

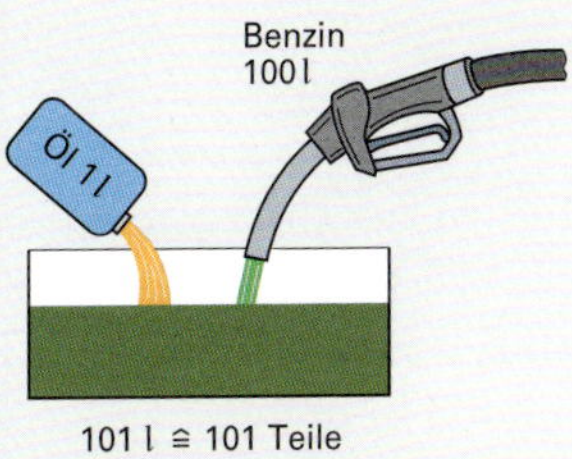

V_M Zweitaktmischung in l
V Schmierölvolumen in l
K Kraftstoffvolumen in l
z Mischungsverhältnis (Schmieröl : Kraftstoff)
x Kraftstoffanteil in der Zweitaktmischung

$$V_M = V + K$$

$$V = \frac{V_M}{1 + x}$$

$$V = K \cdot z \qquad K = \frac{V}{z}$$

$$V = \frac{K}{x} \qquad \frac{1}{x} = \frac{V}{K}$$

$$z = \frac{1}{x} \qquad z = \frac{V}{K}$$

Gefrierschutzmischung

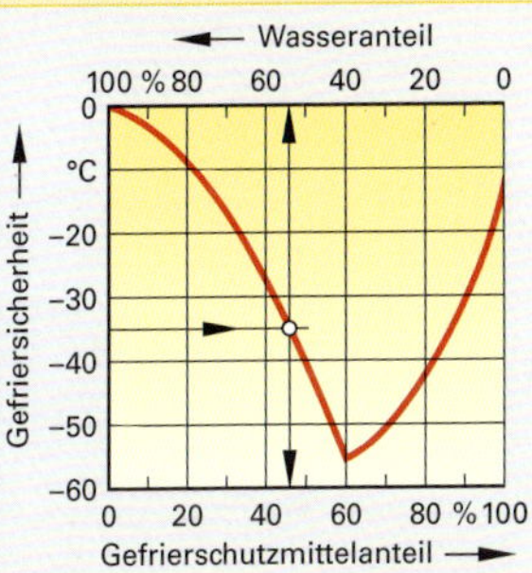

V_{KF} Kühlflüssigkeitsmenge in l
V_W Wassermenge in l
V_F Gefrierschutzmenge in l
p_W Anteile an Wasser in %
p_F Anteile an Gefrierschutzmittel in %
ϱ_{KF} Dichte Kühlflüssigkeit in kg/l
ϱ_F Dichte Gefrierschutzmittel in kg/l
ϱ_W Dichte Wasser in kg/l

$$V_{KF} = V_W + V_F$$

$$V_F = \frac{V_{KF} \cdot P_F}{P_W + P_F}$$

$$V_W = \frac{V_{KF} \cdot P_W}{P_W + P_F}$$

$$P_F = \frac{P_W \cdot V_F}{V_W} \qquad P_W = \frac{P_F \cdot V_W}{V_F}$$

$$\varrho_{KF} = \frac{V_W \cdot \varrho_W \cdot V_F \cdot \varrho_F}{V_{KF}}$$

$$\varrho_F = \frac{V_{KF} \cdot \varrho_{KF} + V_W \cdot \varrho_W}{V_F}$$

Motorkühlung

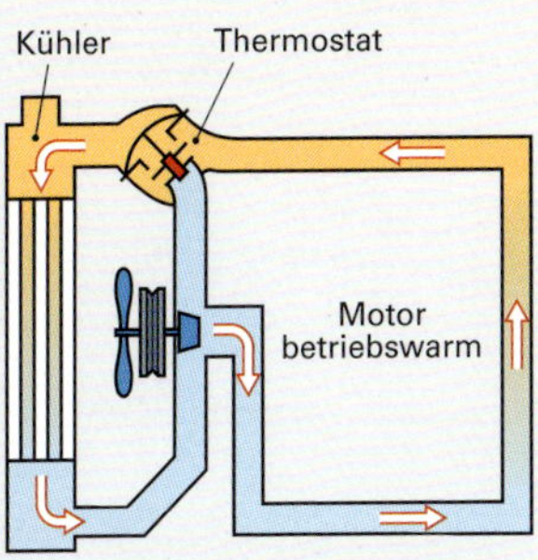

Abzuführende Wärmemenge

$\dot{Q}_{ab\,Motor}$ abzuführende Wärmemenge in kJ/h
$\dot{Q}_{zu\,Motor}$ zugeführte Wärmemenge in kJ/h
P_{eff} Nutzleistung in kW
b_{eff} spezifischer Kraftstoffverbrauch in g/kWh
H_u spezifischer Heizwert in kJ/kg
$\dot{m}_K$ Kraftstoffverbrauch in kg/h
$\dot{V}_K$ Kraftstoffverbrauch in l/h
ϱ_K Dichte des Kraftstoffs in kg/dm^3
f Verhältnis der abzuführenden Wärmemenge zur gesamtanfallenden Wärmemenge

$$\dot{Q}_{ab\,Motor} = \dot{Q}_{zu\,Motor} \cdot f$$

$$\dot{Q}_{ab\,Motor} = \dot{m}_K \cdot H_u \cdot f$$

$$\dot{Q}_{ab\,Motor} = \frac{b_{eff} \cdot P_{eff} \cdot H_u \cdot f}{1000}$$

Zugeführte Leistung

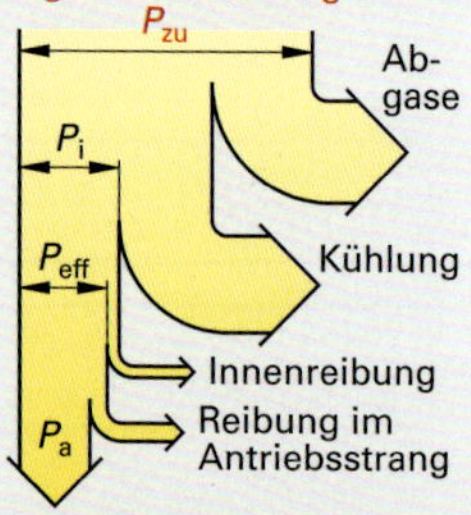

P_{zu} zugeführte Leistung in kW
H_u spezifischer Heizwert in kJ/kg
$\dot{m}_K$ Kraftstoffverbrauch in kg/h
b_{eff} spezifischer Kraftstoffverbrauch in g/kWh
P_{eff} Nutzleistung in kW

$$P_{zu} = \frac{\dot{m}_K \cdot H_u}{3600}$$

$$P_{zu} = \frac{b_{eff} \cdot P_{eff} \cdot H_u}{1000 \cdot 3600}$$

$$P_{eff} = \frac{P_{zu} \cdot 1000 \cdot 3600}{b_{eff} \cdot H_u}$$

Innenleistung des Motors, innere Motorarbeit

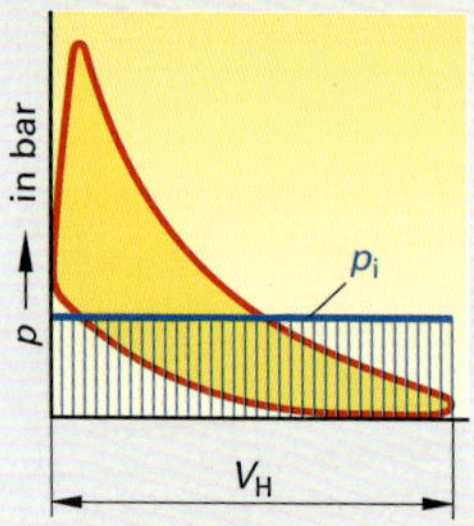

p-*V*-Diagramm

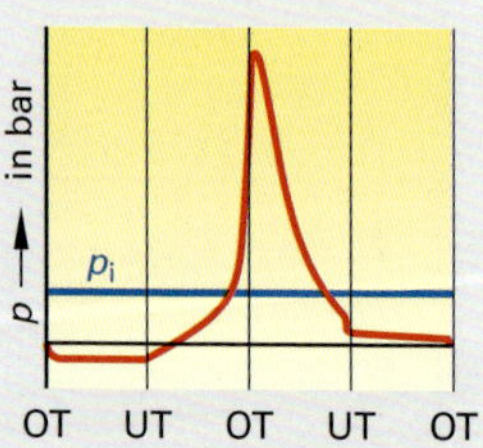

Druck-Weg-Diagramm

P_i Innenleistung in kW (indizierte Leistung)
d Kolbendurchmesser in cm
A Kolbenfläche in cm²
s Hub in m
z Zylinderanzahl
p_i mittlerer indizierter Kolbendruck in bar
n Motordrehzahl in 1/min
V_h Hubraum eines Zylinders in l
V_H Gesamthubraum in l
F_i innere Kolbenkraft in N
v_m mittlere Kolbengeschwindigkeit in m/s
x Kennzahl für Arbeitsverfahren
$x = 4$ für Viertaktverfahren
$x = 2$ für Zweitaktverfahren
W_i innere Motorarbeit eines Zylinders in Nm bzw. J

$$P_i = \frac{A \cdot s \cdot z \cdot p_i \cdot n}{x \cdot 3000}$$

$$A = \frac{x \cdot 3000 \cdot P_i}{s \cdot z \cdot p_i \cdot n}$$

$$p_i = \frac{x \cdot 3000 \cdot P_i}{A \cdot s \cdot z \cdot n}$$

$$s = \frac{x \cdot 3000 \cdot P_i}{A \cdot z \cdot p_i \cdot n}$$

$$n = \frac{x \cdot 3000 \cdot P_i}{A \cdot s \cdot z \cdot p_i}$$

$$z = \frac{x \cdot 3000 \cdot P_i}{A \cdot s \cdot p_i \cdot n}$$

$$P_i = \frac{V_H \cdot p_i \cdot n}{x \cdot 300}$$

$$V_H = \frac{x \cdot 300 \cdot P_i}{p_i \cdot n}$$

$$p_i = \frac{x \cdot 300 \cdot P_i}{V_H \cdot n}$$

$$n = \frac{x \cdot 300 \cdot P_i}{V_H \cdot p_i}$$

$$W_i = F_i \cdot s$$

$$F_i = A \cdot p_i$$

$$W_i = A \cdot p_i \cdot s$$

$$W_i = \frac{V_h \cdot p_i}{100}$$

1 Nm = 1 J = Ws

$$P_i = \frac{F_i \cdot v_m \cdot z}{x \cdot 1000}$$

$$F_i = \frac{x \cdot 1000 \cdot P_i}{v_m \cdot z}$$

Nutzleistung und Innenleistung

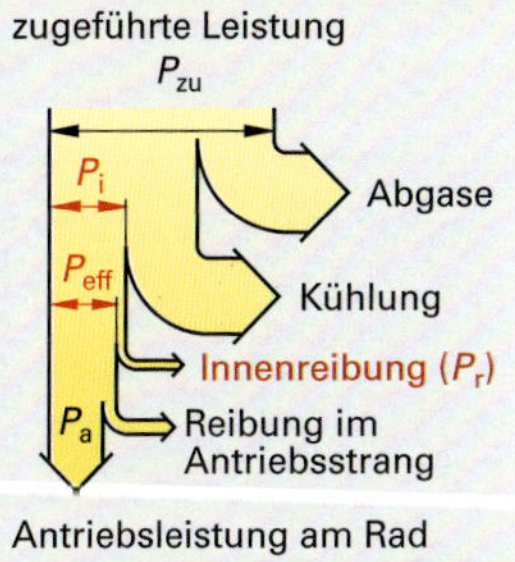

P_{eff} Nutzleistung in kW
P_i Innenleistung in kW (indizierte Leistung)
P_r Reibleistung in kW
η_m mechanischer Wirkungsgrad

$$P_{eff} = P_i - P_r$$

$$P_i = P_{eff} + P_r$$

$$P_r = P_i - P_{eff}$$

$$P_{eff} = \eta_m \cdot P_i$$

$$P_i = \frac{P_{eff}}{\eta_m} \qquad \eta_m = \frac{P_{eff}}{P_i}$$

Nutzleistung und nutzbarer Kolbendruck

Motorart	Fahrzeug	Taktart	p_{eff} bar
Otto	Krad	2	5 … 12
		4	7 … 11
	Pkw	4	9 … 25
Diesel	Pkw	4	7 … 12
	Nkw	4	7 … 18

P_{eff} Nutzleistung in kW
V_H Gesamthubraum in l
p_{eff} mittlerer nutzbarer Kolbendruck in bar
n Motordrehzahl in 1/min
x Kennzahl für Arbeitsverfahren
$x = 4$ Viertaktverfahren
$x = 2$ Zweitaktverfahren

Der mittlere nutzbare Kolbendruck kann nur aus der am Prüfstand ermittelten Nutzleistung berechnet werden.

$$P_{eff} = \frac{V_H \cdot p_{eff} \cdot n}{x \cdot 300}$$

$$p_{eff} = \frac{x \cdot 300 \cdot P_{eff}}{V_H \cdot n}$$

$$V_H = \frac{x \cdot 300 \cdot P_{eff}}{p_{eff} \cdot n}$$

Nutzleistung und Kraftstoffverbrauch

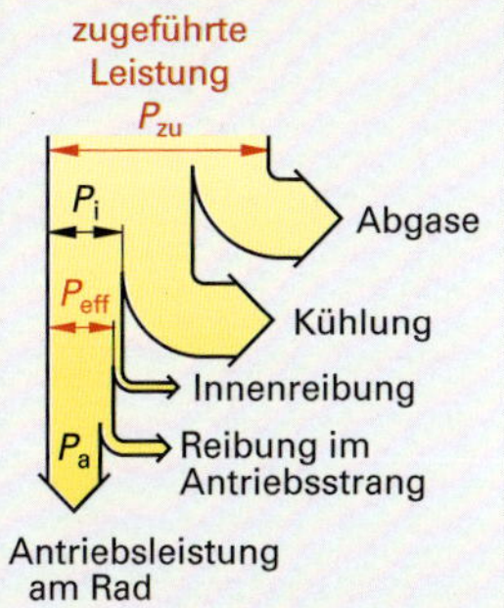

P_{eff} Nutzleistung in kW
$\dot{m}_K$ Kraftstoffverbrauch in kg/h
H_u spezifischer Heizwert in kJ/kg
η_{eff} Nutzwirkungsgrad
ϱ Dichte des Kraftstoffs in kg/l

$$P_{eff} = \frac{\dot{m}_K \cdot H_u \cdot \eta_{eff}}{3600}$$

$$\dot{m}_K = \frac{3600 \cdot P_{eff}}{H_u \cdot \eta_{eff}}$$

$$\eta_{eff} = \frac{3600 \cdot P_{eff}}{\dot{m}_K \cdot H_u}$$

$$\dot{m}_K = \dot{V} \cdot \varrho$$

Nutzleistung und Drehmoment

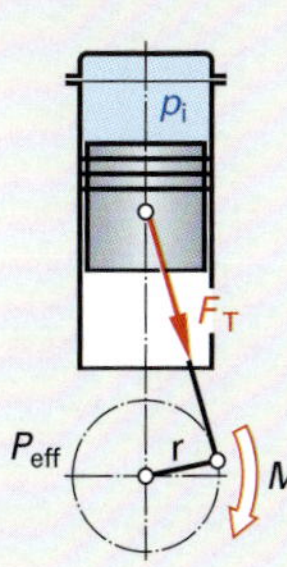

P_{eff} Nutzleistung in kW
M Motordrehmoment in Nm
n Motordrehzahl in 1/min
F_T Tangentialkraft in N
r Hebelarm (Kurbelradius) in m

$$P_{eff} = \frac{M \cdot n}{9550}$$

$$M = \frac{9550 \cdot P_{eff}}{n}$$

$$n = \frac{9550 \cdot P_{eff}}{M}$$

$$P_{eff} = \frac{F_T \cdot r \cdot n}{9550}$$

Leistung am Motorprüfstand

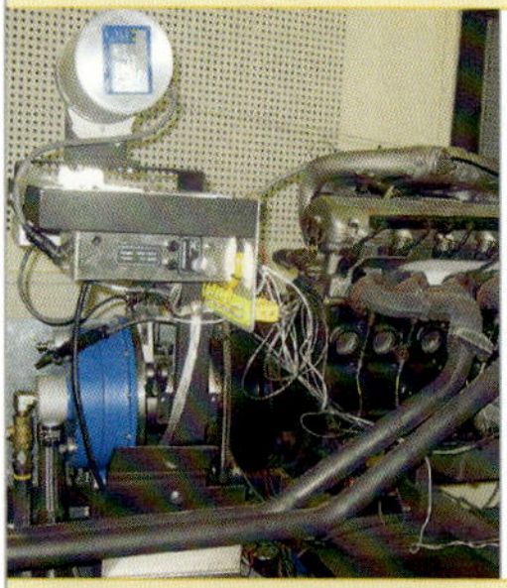

P_{eff} Nutzleistung in kW
M Motordrehmoment in Nm
n Motordrehzahl in 1/min
F Kraft in N
l Hebelarm in m

$$P_{eff} = \frac{M \cdot n}{9550}$$

$$M = F \cdot l$$

$$P_{eff} = \frac{F \cdot l \cdot n}{9550}$$

Leistung am Rollenprüfstand

P_{eff} Nutzleistung in kW
P_A Antriebsleistung am Rad in kW
F_A Radantriebskraft in N
v Prüfgeschwindigkeit in km/h
η_A Wirkungsgrad der Kraftübertragung

$$P_A = \frac{F_A \cdot v}{3600}$$

$$P_{eff} = \frac{F_A \cdot v}{3600 \cdot \eta_A}$$

$$\eta_A = \frac{F_A \cdot v}{3600 \cdot P_{eff}}$$

Motorkennlinien

Volllastkennlinien eines Diesel-Viertaktmotors

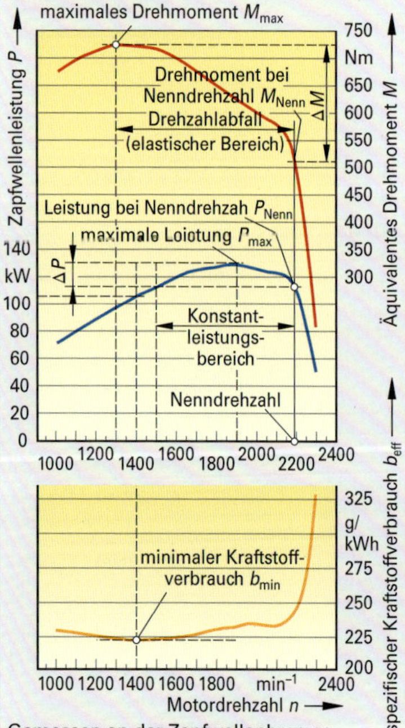

Gemessen an der Zapfwellenbremse

n_{Nenn} Nenndrehzahl des Motors in 1/min
P_{Nenn} Leistung bei Nenndrehzahl in kW
M_{Nenn} Drehmoment bei Nenndrehzahl in Nm
P_{max} maximale Leistung in kW
M_{max} maximales Drehmoment in Nm
ΔP Überleistung in %
ΔM Drehmomentanstieg in %

$$\Delta P = \frac{P_{max} - P_{Nenn}}{P_{Nenn}} \cdot 100$$

$$\Delta M = \frac{M_{max} - M_{Nenn}}{M_{Nenn}} \cdot 100$$

Kraftstoffverbrauch

$B_{min,n}$ minimaler Kraftstoffverbrauch in kg/h
$b_{min,n}$ minimaler spezifischer Kraftstoffverbrauch bei Motordrehzahl (n) in g/kWh
$P_{eff,n}$ Leistung bei Motordrehzahl (n) in kW

$$B_{min,n} = \frac{b_{min,n} \cdot P_{eff,n}}{1000}$$

Konstantleistungsbereich

Drehzahlbereich zwischen Nenndrehzahl und der Drehzahl, wenn der gedrückte Motor dieselbe Leistung wie bei Nenndrehzahl abgibt.

Drehzahlabfall

Verhältnis der Drehzahl bei höchstem Drehmoment zur Nenndrehzahl (**elastischer Bereich**).

Innenwirkungsgrad (indizierter Wirkungsgrad)

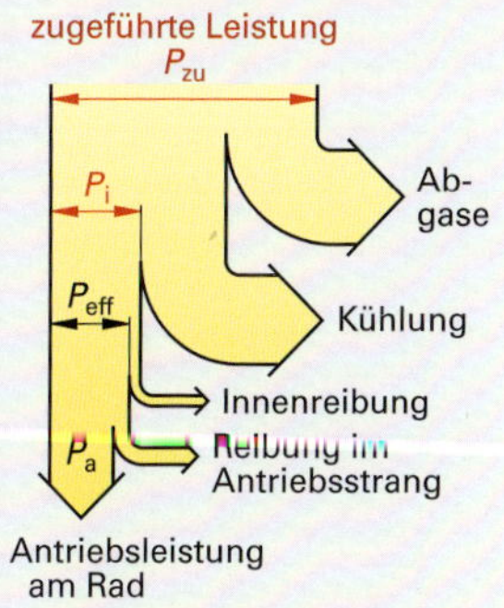

- η_i Innenwirkungsgrad
- P_i Innenleistung in kW (indizierte Leistung)
- P_{zu} zugeführte Leistung in kW
- H_u spezifischer Heizwert in kJ/kg
- $\dot{m}_K$ Kraftstoffverbrauch in kg/h

$$\eta_i = \frac{P_i}{P_{zu}}$$

$$\eta_i = \frac{3600 \cdot P_i}{\dot{m}_K \cdot H_u}$$

$$P_i = \frac{\eta_i \cdot \dot{m}_K \cdot H_u}{3600}$$

$$\dot{m}_K = \frac{3600 \cdot P_i}{\eta_i \cdot H_u}$$

$$H_u = \frac{3600 \cdot P_i}{\eta_i = \cdot \dot{m}_K}$$

Mechanischer Wirkungsgrad

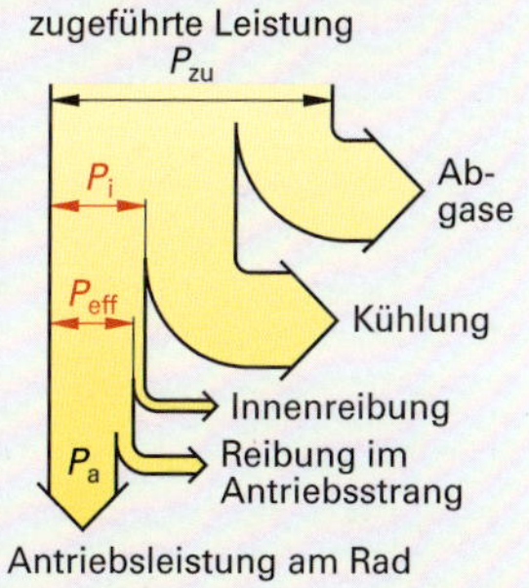

- η_m mechanischer Wirkungsgrad
- P_{eff} Nutzleistung in kW
- P_i Innenleistung in kW (indizierte Leistung)
- P_r Reibleistung in kW
- P_l Laderleistung in kW
- P_{sp} Spülgebläseleistung in kW

Für Saugmotoren ist P_l und P_{sp} gleich Null.

$$\eta_m = \frac{P_{eff}}{P_i}$$

$$P_{eff} = \eta_m \cdot P_i$$

$$P_i = \frac{P_{eff}}{\eta_m}$$

$$P_i = P_{eff} + P_r + P_l + P_{sp}$$

Nutzwirkungsgrad (effektiver Wirkungsgrad)

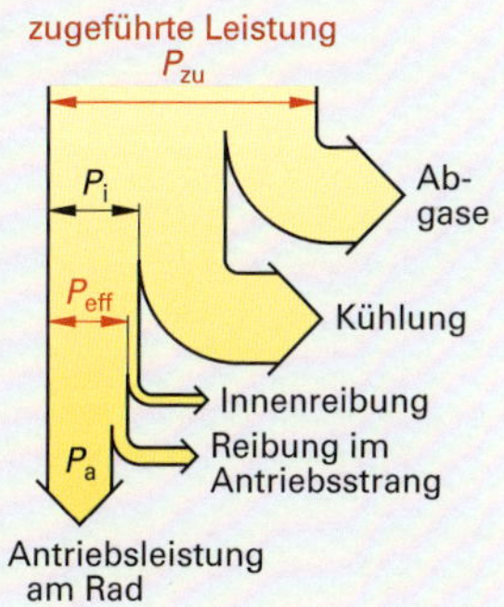

Motor-art	Fahr-zeug	Takt	η_{eff}
Otto	Krad	2	0,14 … 0,18
		4	0,25 … 0,31
	Pkw	4	0,28 … 0,40
	Nkw	4	… 0,40
Diesel	Pkw	4	0,32 … 0,48
	Nkw	4	0,32 … 0,48

- η_{eff} Nutzwirkungsgrad (effektiver Wirkungsgrad)
- η_m mechanischer Wirkungsgrad
- η_i Innenwirkungsgrad
- $\dot{m}_K$ Kraftstoffverbrauch in kg/h
- $\dot{V}$ Kraftstoffverbrauch in l/h
- ϱ_K Dichte des Kraftstoffs in kg/l
- H_u spezifischer Heizwert in kJ/kg
- b_{eff} spezifischer Kraftstoffverbrauch in g/kWh

$$\eta_{eff} = \eta_i \cdot \eta_m$$

$$\eta_{eff} = \frac{3600 \cdot P_{eff}}{\dot{m}_K \cdot H_u}$$

$$P_{eff} = \frac{\dot{m}_K \cdot H_u \cdot \eta_{eff}}{3600}$$

$$\dot{m}_K = \frac{3600 \cdot P_{eff}}{H_u \cdot \eta_{eff}}$$

$$H_u = \frac{3600 \cdot P_{eff}}{\dot{m}_K \cdot \eta_{eff}}$$

$$\dot{m}_K = \frac{b_{eff} \cdot P_{eff}}{1000}$$

$$\dot{m}_K = \dot{V} \cdot \varrho_K$$

$$\eta_{eff} = \frac{3\,600\,000}{b_{eff} \cdot H_u}$$

Hubraumleistung

Motorart	Fahrzeug	Hubraumleistung P_H kW/l
Otto	Pkw	bis 90
Otto	Krad	bis 155
Diesel	Pkw	bis 80
Diesel	Lkw	bis 30

P_H Hubraumleistung in kW/l
P_{eff} größte Nutzleistung in kW
V_H Gesamthubraum in l

$$P_H = \frac{P_{eff}}{V_H}$$

$$P_{eff} = V_H \cdot P_H$$

$$V_H = \frac{P_{eff}}{P_H}$$

Leistungsgewicht des Motors, des Fahrzeugs

Motorart	Fahrzeug	Leistungsgewicht des Motors m_{PM} kg/kW
Otto	Krad	0,5 … 3
Otto	Pkw	1,3 … 5
Diesel	Pkw	1,8 … 5
Diesel	Lkw	2,0 … 7

Motorart	Fahrzeug	Leistungsgewicht des Fahrzeugs m_{PF} kg/kW
Otto	Krad	2 … 9
Otto	Pkw	4 … 22
Diesel	Pkw	9 … 25
Diesel	Lkw	50 … 210 (beladen)

m_{PM} Leistungsgewicht des Motors in kg/kW
m_{PF} Leistungsgewicht des Fahrzeugs in kg/kW
P_{eff} größte Nutzleistung in kW
m_M Gewicht des Motors (trocken) in kg
m_F Leergewicht des Fahrzeugs in kg (bei Pkw)
m_F zulässiges Gesamtgewicht in kg (bei Lkw und Anhänger)

$$m_{PM} = \frac{m_M}{P_{eff}}$$

$$P_{eff} = \frac{m_M}{M_{PM}}$$

$$m_M = P_{eff} \cdot m_{PM}$$

$$m_{PF} = \frac{m_F}{P_{eff}}$$

$$P_{eff} = \frac{m_F}{m_{PF}}$$

$$m_F = P_{eff} \cdot m_{PF}$$

Gewichtsleistung

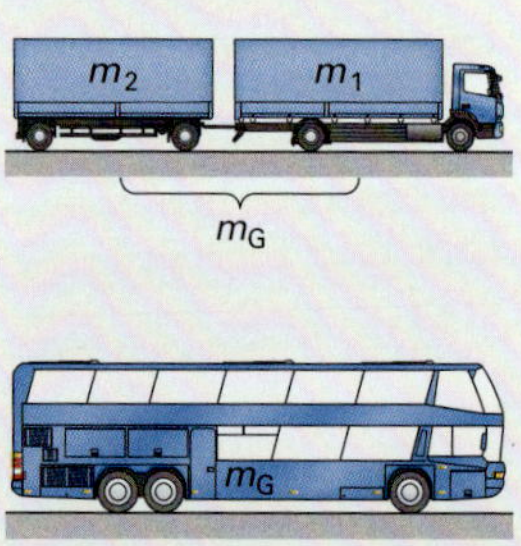

P_m Gewichtsleistung in kW/t
m_G zulässiges Gesamtgewicht in t
P_{eff} Nutzleistung in kW

Bei Nutzfahrzeugen und Omnibussen ist eine Motorleistung von mindestens 5,0 kW pro Tonne des zulässigen Gesamtgewichts des Kfz und der jeweiligen Anhängerlast vorgeschrieben.

$$P_m = \frac{P_{eff}}{m_G}$$

$$P_{eff} = P_m \cdot m_G$$

$$m_G = \frac{P_{eff}}{P_m}$$

Hubraumgewicht

Motorart	Fahrzeug	Hubraumgewicht m_H kg/l
Otto	Krad	40 … 100
Otto	Pkw	60 … 120
Diesel	Pkw	70 … 165
Diesel	Lkw	100 … 180

m_H Hubraumgewicht in kg/l
m_M Gewicht des Motors (trocken) in kg
V_H Gesamthubraum in l

$$m_H = \frac{m_M}{V_H}$$

$$m_M = V_H \cdot m_H$$

$$V_H = \frac{m_M}{m_H}$$

Kupplung

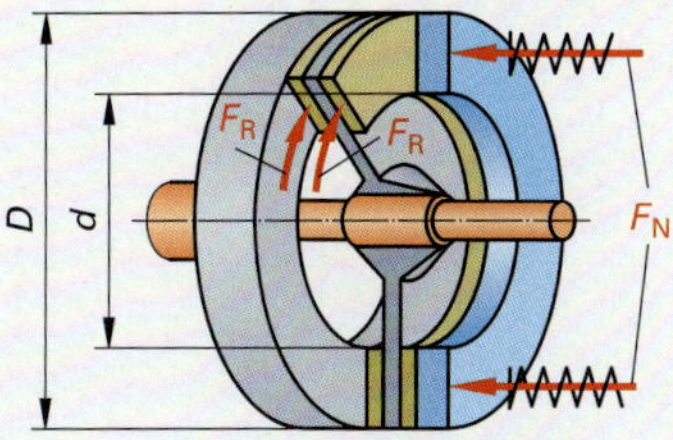

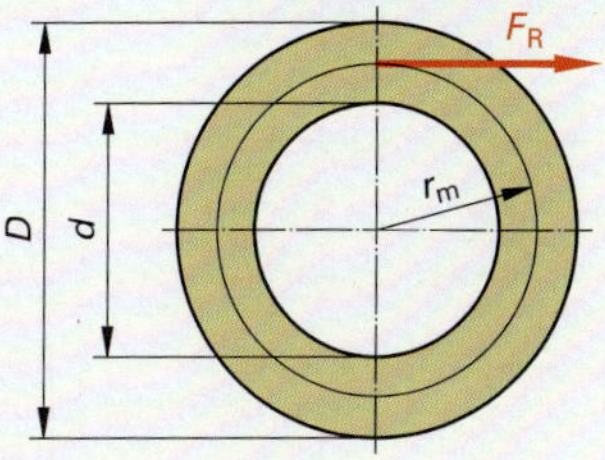

$$F_K = 2 \cdot F_R \cdot z$$

$$F_R = \frac{F_K}{2 \cdot z}$$

$$F_R = F_N \cdot \mu_H$$

$$F_N = \frac{F_R}{\mu_H}$$

$$F_K = 2 \cdot F_N \cdot \mu_H \cdot z$$

$$F_N = \frac{F_K}{2 \cdot \mu_H \cdot z}$$

$$M_K = F_K \cdot r_m$$

$$F_K = \frac{M_K}{r_m}$$

$$r_m = \frac{D + d}{4}$$

$$M_K = 2 \cdot F_R \cdot r_m \cdot z$$

$$F_R = \frac{M_K}{2 \cdot r_m \cdot z}$$

$$M_K = 2 \cdot F_N \cdot \mu_H \cdot r_m \cdot z$$

$$M_K = S \cdot M_{max}$$

$$S = \frac{M_K}{M_{max}} \qquad M_{max} = \frac{M_K}{S}$$

$$F_N = A \cdot p$$

$$p = \frac{F_N}{A} \qquad A = \frac{F_N}{p}$$

$$A = \frac{\pi}{4} \cdot (D^2 - d^2)$$

$$F_N = \frac{\pi}{4} \cdot (D^2 - d^2) \cdot p$$

F_K Drehkraft (Umfangskraft) in N
F_R Reibungskraft einer Belagseite in N
F_N Anpresskraft (gesamt) in N
μ_H Haftreibungszahl
A Fläche einer Belagseite in cm^2
p Flächenpressung in N/cm^2
D Außendurchmesser in cm, m
d Innendurchmesser in cm, m
z Anzahl der Kupplungsscheiben
M_K übertragbares Drehmoment in Ncm, Nm
M_{max} maximales Motormoment in Ncm, Nm
r_m mittlerer Drehkrafthalbmesser (Radius) in cm, m
S Sicherheitszahl ($S \approx 1{,}2 \dots 1{,}5$)

Erfahrungswerte

Kupplungs-art	Belag	Haftreibungs-zahl μ_H	Flächen-pressung p
Trocken	organisch	0,25 … 0,5	bis 35 N/cm^2
	Sinterbelag mit Keramikanteil	0,30 … 0,6	bis 200 N/cm^2
Nass	Sinter-Metall	0,08 … 0,12	bis 300 N/cm^2
	Papier-Reibbelag	0,06 … 0,10	bis 300 N/cm^2
	Carbon-Reibbelag	0,08 … 0,10	bis 800 N/cm^2

Kupplungsbetätigung

Bei der Berechnung von rein mechanischen Kupplungsbetätigungen setzt man $i_{hyd} = 1$ und $F_{GZ} = F_{NZ}$.

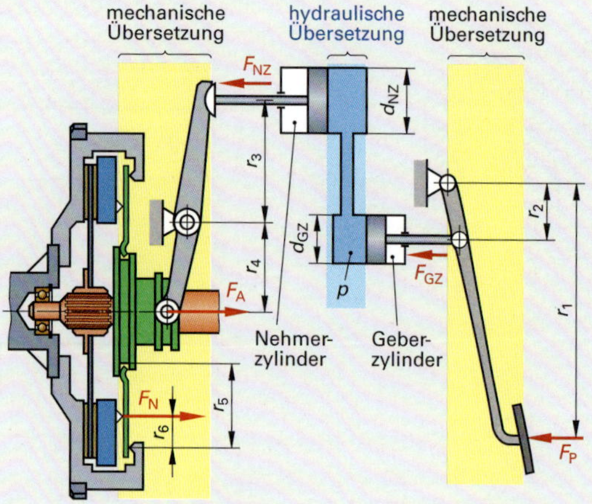

i_1, i_2	mechanische Einzelübersetzungen
i_a	äußere Übersetzung
i_i	innere Übersetzung
i_{mec}	mechanische Übersetzung
i_{hyd}	hydraulische Übersetzung
i	Gesamtübersetzung
r_1, r_2, …	wirksame Hebellängen in mm
F_P	Fußkraft am Pedal in N
F_A	Ausrückkraft in N
F_N	Gesamtanpresskraft in N
F_{GZ}, F_{NZ}	Kraft am Geber-, Nehmerzylinder in N
A_{GZ}, A_{NZ}	Querschnittsfläche des Geber-, Nehmerzylinders in cm^2
d_{GZ}, d_{NZ}	Durchmesser des Geber-, Nehmerzylinders in cm
p	Leitungsdruck in N/cm^2
s_D	Druckplattenweg in mm
s_B	Belagfederweg in mm
l	Lüftungsspiel in mm
s_A	Ausrückweg in mm
s	Kupplungsspiel in mm (wenn spielfrei $s = 0$)
s_P	Pedalweg in mm

Mechanische Übersetzung

$$i_{mec} = i_a \cdot i_i$$

$$i_a = i_1 \cdot i_2 \qquad i_i = \frac{r_6}{r_5}$$

$$i_1 = \frac{r_2}{r_1} \qquad i_2 = \frac{r_4}{r_3}$$

$$i_{mec} = \frac{r_2 \cdot r_4 \cdot r_6}{r_1 \cdot r_3 \cdot r_5}$$

$$F_P = F_N \cdot i_{mec} \qquad F_A = F_N \cdot i_i$$

Hydraulische Übersetzung

$$i_{hyd} = \frac{d_{GZ}^2}{d_{NZ}^2} \qquad i_{hyd} = \frac{F_{GZ}}{F_{NZ}}$$

$$p = \frac{F_{GZ}}{A_{GZ}} \qquad p = \frac{F_{NZ}}{A_{NZ}}$$

$$F_{GZ} = p \cdot A_{GZ} \qquad F_{NZ} = p \cdot A_{NZ}$$

$$A_{GZ} = \frac{\pi \cdot d_{GZ}^2}{4} \qquad A_{NZ} = \frac{\pi \cdot d_{NZ}^2}{4}$$

Gesamtübersetzung

$$i = i_1 \cdot i_{hyd} \cdot i_2 \cdot i_i$$

$$F_{GZ} = \frac{F_P}{i_1} \qquad F_P = i \cdot F_N$$

$$F_A = \frac{F_{NZ}}{i_2} \qquad F_A = \frac{F_P}{i_a \cdot i_{hyd}}$$

$$F_N = \frac{F_A}{i_i} \qquad F_N = \frac{F_P}{i_{mec} \cdot i_{hyd}}$$

Lüftspiel

$$l = s_D - s_B$$

Ausrückweg

$$s_A = \frac{l}{i_1}$$

Pedalweg

$$s_p = \frac{s_A + s}{i_a \cdot i_{hyd}}$$

$$s_A = i_a \cdot i_{hyd} \cdot s_P - s$$

Ungleichachsiges Wechselgetriebe

5-Gang-Wechselgetriebe (3. Gang)

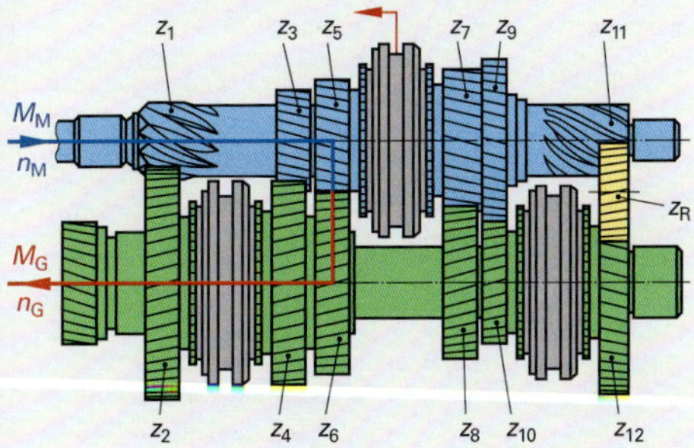

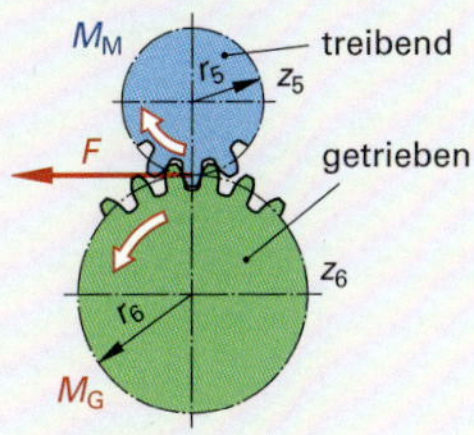

Die Übersetzungen sämtlicher Gänge werden durch jeweils eine Zahnradpaarung bewirkt.

$z_1, z_3, z_5, \ldots$	Zähnezahlen, treibende Räder
$z_2, z_4, z_6, \ldots$	Zähnezahlen, getriebene Räder
F	Zahnflankenkraft in N
M_M	Motordrehmoment in Nm
M_G	Getriebeausgangsdrehmoment in Nm
η_K	Kupplungswirkungsgrad
η_G	Getriebewirkungsgrad
i_G	Getriebeübersetzung
$i_{G1}, i_{G2}, \ldots$	Getriebeübersetzungen in den einzelnen Gängen
$r_1, r_2, \ldots$	Teilkreishalbmesser in mm
n_M	Motordrehzahl in 1/min
n_G	Getriebeausgangsdrehzahl in 1/min

Drehzahlübersetzung

$$i_G = \frac{n_M}{n_G}$$

$$n_G = \frac{n_M}{i_G} \qquad n_M = n_G \cdot i_G$$

Übersetzung der Gänge (5 Gänge)

1. Gang

$$i_{G1} = \frac{z_2}{z_1}$$

2. Gang

$$i_{G2} = \frac{z_4}{z_3}$$

3. Gang

$$i_{G3} = \frac{z_6}{z_5}$$

4. Gang

$$i_{G4} = \frac{z_8}{z_7}$$

5. Gang

$$i_{G5} = \frac{z_{10}}{z_9}$$

Rückwärtsgang

$$i_{GR} = \frac{z_{12}}{z_{11}}$$

Übersetzung der Gänge (6 Gänge)

zusätzlich 6. Gang

$$i_{G6} = \frac{z_{12}}{z_{11}}$$

Drehmomentübersetzung

Verluste unberücksichtigt

$$i_G = \frac{M_G}{M_M}$$

$$M_G = M_M \cdot i_G \qquad M_M = \frac{M_G}{i_G}$$

Verluste berücksichtigt

$$i_G = \frac{M_G}{M_M \cdot \eta_K \cdot \eta_G}$$

$$M_G = M_M \cdot \eta_K \cdot i_G \cdot \eta_G$$

$$M_M = \frac{M_G}{\eta_K \cdot i_G \cdot \eta_G}$$

$\eta_K \approx$ 0,995 Lüftungsverluste

$\eta_G \approx$ 0,955 Plansch- und Reibungsverluste

Gleichachsiges Wechselgetriebe

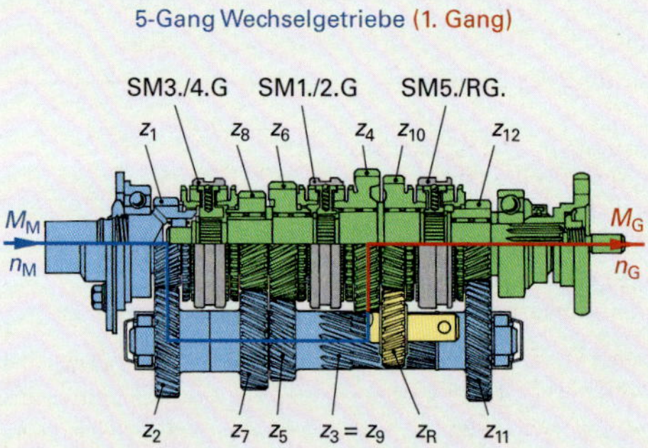

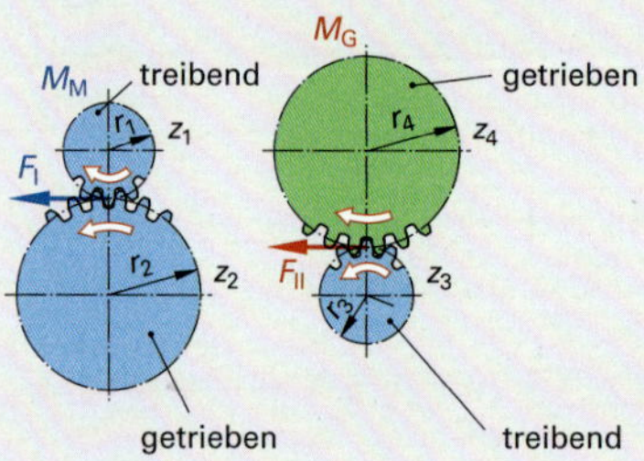

Die Übersetzungen der Gänge werden jeweils durch zwei Zahnradpaarungen bewirkt (Ausnahme: 4. Gang).

$z_1, z_3, z_5, \ldots$	Zähnezahlen, treibende Räder
$z_2, z_4, z_6, \ldots$	Zähnezahlen, getriebene Räder
F_I, F_{II}	Zahnflankenkräfte in N
M_M	Motordrehmoment in Nm
M_G	Getriebeausgangsdrehmoment in Nm
η_K	Kupplungswirkungsgrad
η_G	Getriebewirkungsgrad
i_G	Getriebeübersetzung
$i_{G1}, i_{G2}, \ldots$	Getriebeübersetzungen in den einzelnen Gängen
$r_1, r_2, \ldots$	Teilkreishalbmesser in mm
n_M	Motordrehzahl in 1/min
n_G	Getriebeausgangsdrehzahl in 1/min

Drehzahlübersetzung

$$i_G = \frac{n_M}{n_G}$$

$$n_G = \frac{n_M}{i_G} \qquad n_M = n_G \cdot i_G$$

Übersetzung der Gänge

1. Gang

$$i_{G1} = \frac{z_2 \cdot z_4}{z_1 \cdot z_3}$$

2. Gang

$$i_{G2} = \frac{z_2 \cdot z_6}{z_1 \cdot z_5}$$

3. Gang

$$i_{G3} = \frac{z_2 \cdot z_8}{z_1 \cdot z_7}$$

4. Gang

$$i_{G4} = 1$$

5. Gang

$$i_{G5} = \frac{z_2 \cdot z_{12}}{z_1 \cdot z_{11}}$$

Rückwärtsgang

$$i_{GR} = \frac{z_2 \cdot z_{10}}{z_1 \cdot z_9}$$

Drehmomentübersetzung

Verluste unberücksichtigt

$$i_G = \frac{M_G}{M_M}$$

$$M_G = M_M \cdot i_G \qquad M_M = \frac{M_G}{i_G}$$

Verluste berücksichtigt

$$i_G = \frac{M_G}{M_M \cdot \eta_K \cdot \eta_G}$$

$$M_G = M_M \cdot \eta_K \cdot i_G \cdot \eta_G$$

$$M_M = \frac{M_G}{\eta_K \cdot i_G \cdot \eta_G}$$

$\eta_K \approx$ 0,995 Lüftungsverluste

$\eta_G \approx$ 0,955 Plansch- und Reibungsverluste

Achsgetriebe

Stirnrad-Achsgetriebe

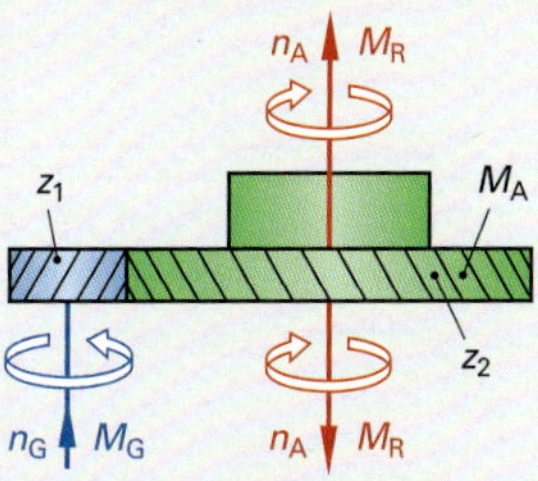

Kegelrad-Achsgetriebe

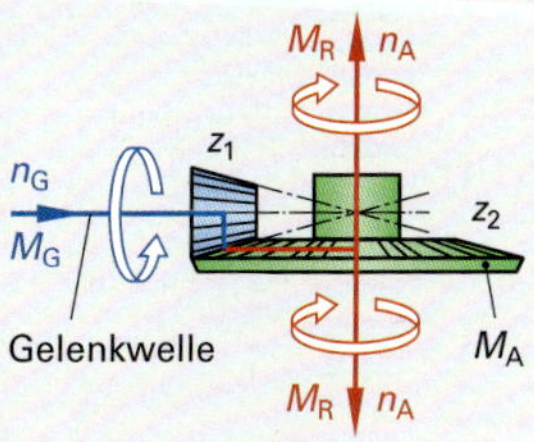

Mit Planeten-Vorgelege

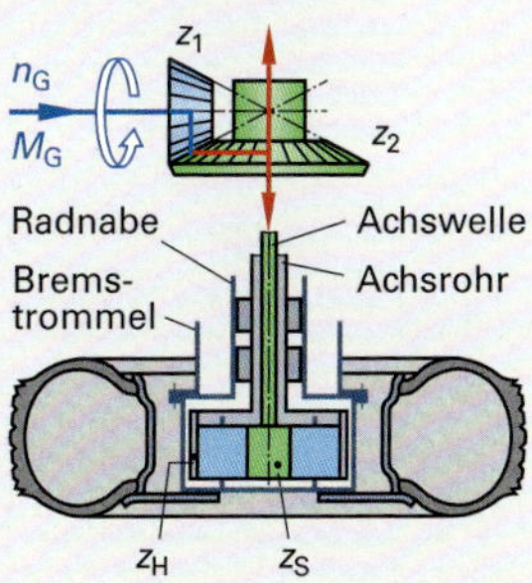

i_A	Übersetzung des Achsgetriebes
i_G	Übersetzung des Wechselgetriebes
i_V	Übersetzung des Vorgelege-Getriebes
i_{AV}	Übersetzung des Achsgetriebes mit Vorgelege-Getriebe
z_1	Zähnezahl des treibenden Stirnrades bzw. Kegelrades
z_2	Zähnezahl des getriebenen Stirnrades bzw. Tellerrades
z_H	Zähnezahl des Hohlrades
z_S	Zähnezahl des Sonnenrades
n_M	Motordrehzahl in 1/min
n_G	Getriebeausgangsdrehzahl in 1/min
n_A	Drehzahl der Antriebsräder in 1/min
M_G	Getriebeausgangsdrehmoment in Nm
M_A	Drehmoment an den Antriebsrädern bzw. am Tellerrad oder getriebenen Stirnrad in Nm
η_A	Wirkungsgrad des Achsgetriebes
M_R	Drehmoment an einem Antriebsrad in Nm
M_{AV}	Drehmoment an den Antriebsrädern beim Achsgetriebe mit Planetenvorgelege in Nm
M_{RV}	Drehmoment an einem Antriebsrad beim Achsgetriebe mit Planeten-Vorgelege in Nm
η_{AV}	Wirkungsgrad des Achsgetriebes mit Vorgelege

$$i_A = \frac{z_2}{z_1} \qquad i_A = \frac{n_G}{n_A}$$

$$n_G = i_A \cdot n_A$$

$$n_A = \frac{n_G}{i_A}$$

$$M_A = M_G \cdot i_A \cdot \eta_A$$

$$M_R = \frac{M_A}{2}$$

$$i_{AV} = i_A \cdot i_V$$

$$i_V = 1 + \frac{z_H}{z_s}$$

$$i_{AV} = \frac{z_T}{z_K} \cdot \left(1 + \frac{z_H}{z_s}\right)$$

$$M_{AV} = M_G \cdot i_{AV} \cdot \eta_{AV}$$

$$M_{RV} = \frac{M_{AV}}{2}$$

Gesamtübersetzung des Antriebsstrangs

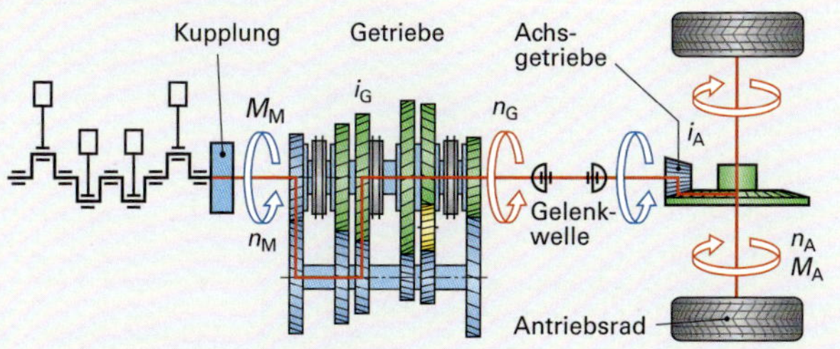

Achsübersetzungen

Pkw	i_A = 2,5 … 4,5
Nkw	i_A = 3,5 … 6,5

i_{Tr}	Übersetzung des Antriebsstrangs
i_G	Übersetzung des Wechselgetriebes
i_A	Übersetzung des Achsgetriebes
η_{TR}	Wirkungsgrad Antriebsstrang

$$i_{Tr} = i_G \cdot i_A$$

$$i_{Tr} = \frac{n_M}{n_A}$$

$$n_A = \frac{n_M}{i_{Tr}}$$

$$M_A = M_M \cdot i_{Tr} \cdot \eta_{Tr}$$

$$n_A = \frac{n_M}{i_G \cdot i_A}$$

$$n_M = n_A \cdot i_G \cdot i_A$$

Ausgleichsgetriebe bei Kurvenfahrt

Kurvenfahrt

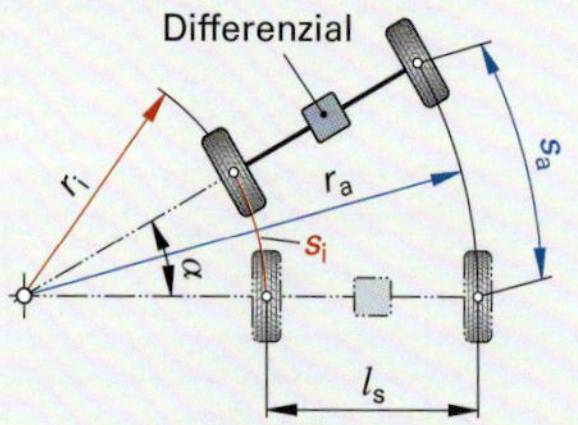

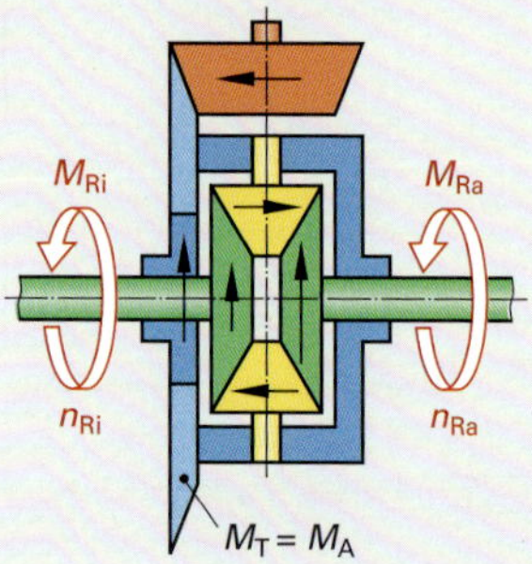

- r_i Spurkreishalbmesser innen in mm
- r_a Spurkreishalbmesser außen in mm
- s_i Radweg kurveninneres Rad in mm
- s_a Radweg kurvenäußeres Rad in mm
- α Kurvenwinkel in °
- Δs Wegdifferenz zwischen kurvenäußerem und kurveninnerem Rad in mm
- n_{Ri} Raddrehzahl kurveninneres Rad
- n_{Ra} Raddrehzahl kurvenäußeres Rad
- Δn_R Differenz der Raddrehzahlen
- U_{dyn} Abrollumfang der Reifen in mm
- l_s Spurweite in mm

- M_T Drehmoment am Tellerrad bzw. am treibenden Stirnrad in Nm
- M_A Drehmoment an beiden Antriebsrädern in Nm
- M_R Drehmoment an einem Antriebsrad in Nm
- M_{Ri} Drehmoment am kurveninneren Rad in Nm
- M_{Ra} Drehmoment am kurvenäußeren Rad in Nm

Radwege

$$s_i = \frac{2 \cdot \pi \cdot r_i \cdot \alpha}{360°}$$

$$s_a = \frac{2 \cdot \pi \cdot r_a \cdot \alpha}{360°}$$

$$\Delta s = s_a - s_i$$

$$\Delta s = \frac{2 \cdot \pi\,(r_a - r_i) \cdot \alpha}{360°}$$

$$\Delta s = \frac{2 \cdot \pi \cdot l_s \cdot \alpha}{360°}$$

Raddrehzahlen

$$n_{Ri} = \frac{s_i}{U_{dyn}} \qquad n_{Ra} = \frac{s_a}{U_{dyn}}$$

$$\Delta n_R = \frac{\Delta s}{U_{dyn}}$$

$$\Delta n_R = \frac{2 \cdot \pi\,(r_a - r_i) \cdot \alpha}{360° \cdot U_{dyn}}$$

$$\Delta n_R = \frac{2 \cdot \pi \cdot l_s \cdot \alpha}{360° \cdot U_{dyn}}$$

Drehmomente

$$M_{Ri} = M_{Ra} = \frac{M_T}{2}$$

$$M_T = 2 \cdot M_R = M_A$$

Ausgleichsgetriebe mit Ausgleichssperre

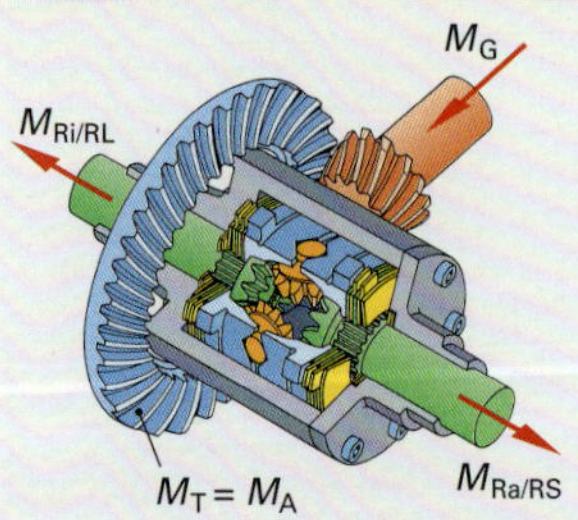

Der Sperrwert *S* gibt an, wie viel Drehmomentunterschied in % zwischen zwei Antriebswellen möglich ist.

- S Sperrwert in %
- ΔM_R Differenz der Drehmomente an den Antriebsrädern in Nm
- ΣM_R Summe der Drehmomente an den Antriebsrädern in Nm
- $M_{Ri/RL}$ Drehmoment am inneren/langsameren Antriebsrad in Nm
- $M_{Ra/RS}$ Drehmoment am äußeren/schnelleren Antriebsrad in Nm
- M_A Antriebsdrehmoment in Nm
- M_T Antriebsdrehmoment am Tellerrad in Nm

$$S = \frac{\Delta M_R}{\Sigma M_R} \cdot 100\,\%$$

$$\Delta M_R = M_{Ri/RL} - M_{Ra/RS}$$

$$\Sigma M_R = M_{Ri/RL} + M_{Ra/RS}$$

$$M_{Ri/RL} = \frac{M_A}{2} + \frac{M_A}{2} \cdot \frac{S}{100\,\%}$$

$$M_{Ra/RS} = \frac{M_A}{2} - \frac{M_A}{2} \cdot \frac{S}{100\,\%}$$

Antriebsleistung

P_A Leistung an den Antriebsrädern in kW (Fahrleistung)
P_{eff} Motorleistung in kW
η_{Tr} Wirkungsgrad des Antriebsstrangs

$$P_A = P_{eff} \cdot \eta_{Tr}$$

$$P_{eff} = \frac{P_A}{\eta_{Tr}} \qquad \eta_{Tr} = \frac{P_A}{P_{eff}}$$

Antriebskraft an den Antriebsrädern

F_A Antriebskraft an den Antriebsrädern in N
M_A Drehmoment an den Antriebsrädern in Nm
M_M Motordrehmoment in Nm
r_{dyn} dynamischer Reifenhalbmesser in m
U_{dyn} dynamischer Abrollumfang in m
i_G Übersetzung des Wechselgetriebes
i_A Übersetzung des Achsgetriebes
i_{Tr} Übersetzung des Antriebsstrangs
η_{Tr} Wirkungsgrad des Antriebsstrangs

$$F_A = \frac{M_A}{r_{dyn}}$$

$$F_A = \frac{2 \cdot \pi \cdot M_M \cdot i_{Tr} \cdot \eta_{Tr}}{U_{dyn}}$$

$$F_A = \frac{2 \cdot \pi \cdot M_A}{U_{dyn}}$$

$$M_A = M_M \cdot i_{Tr} \cdot \eta_{Tr}$$

$$F_A = \frac{M_M \cdot i_{Tr} \cdot \eta_{Tr}}{r_{dyn}}$$

$$i_{Tr} = i_G \cdot i_A$$

Fahrgeschwindigkeit

v Fahrgeschwindigkeit in km/h
n_A Drehzahl der Antriebsräder in 1/min
r_{dyn} dynamischer Reifenhalbmesser in mm
U_{dyn} dynamischer Abrollumfang in mm

$$v = \frac{3{,}6 \cdot U_{dyn} \cdot n_A}{60\,000}$$

$$U_{dyn} = 2 \cdot \pi \cdot r_{dyn}$$

$$v = \frac{3{,}6 \cdot 2 \cdot \pi \cdot r_{dyn} \cdot n_A}{60\,000}$$

Drehzahl der Antriebsräder

n_A Drehzahl der Antriebsräder in 1/min
n_M Motordrehzahl in 1/min
i_G Übersetzung des Wechselgetriebes
i_A Übersetzung des Achsgetriebes
i_{Tr} Gesamtübersetzung des Antriebsstrangs
v Fahrgeschwindigkeit in km/h
r_{dyn} dynamischer Reifenhalbmesser in mm
U_{dyn} dynamischer Abrollumfang in mm

$$n_A = \frac{n_M}{i_{Tr}}$$

$$n_A = \frac{60\,000 \cdot v}{3{,}6 \cdot U_{dyn}}$$

$$n_M = n_A \cdot i_{Tr}$$

$$n_M = n_A \cdot i_G \cdot i_A$$

$$n_A = \frac{n_M}{i_G \cdot i_A}$$

$$n_A = \frac{60\,000 \cdot v}{3{,}6 \cdot 2 \cdot \pi \cdot r_{dyn}}$$

Fahrwiderstände

Rollwiderstand

F_R Rollwiderstand in N
F_N Normalkraft in N
μ_R Rollwiderstandsbeiwert
m Fahrzeugmasse in kg (Gesamtgewicht)
g Erdbeschleunigung 9,81 m/s^2
W_R Rollwiderstandsarbeit in Nm
F_R Rollwiderstand in N
s Weg in m
P_R Rollwiderstandsleistung in kW
F_R Rollwiderstand in N
v Fahrgeschwindigkeit in m/s

$$F_R = F_N \cdot \mu_R$$

$$W_R = F_R \cdot s$$

$$F_N = \frac{F_R}{\mu_R} \qquad \mu_R = \frac{F_R}{F_N}$$

$$F_R = \frac{W_R}{s} \qquad s = \frac{W_R}{F_R}$$

$$F_N = m \cdot g$$

$$P_R = \frac{F_R \cdot v}{1000}$$

$$F_R = m \cdot g \cdot \mu_R$$

$$F_R = \frac{P_R \cdot 1000}{v}$$

Fahrwiderstände (Fortsetzung)

Luftwiderstand

F_L Luftwiderstand in N
v Fahrgeschwindigkeit in m/s
c_w Luftwiderstandsbeiwert
A Querschnittsfläche in m^2
b Fahrzeugbreite in m
h Fahrzeughöhe in m
ϱ Dichte der Luft in kg/m^3 bei 15 °C und 1013 Pa = 1,23 kg/m^3
$\varrho/2$ = 0,615 kg/m^3
W_L Luftwiderstandsarbeit in Nm
s Weg in m

$$F_L = \frac{\varrho}{2} \cdot c_w \cdot A \cdot v^2$$

$$F_L = 0{,}615 \cdot c_w \cdot A \cdot v^2$$

$$v = \sqrt{\frac{F_L}{\varrho/2 \cdot c_w \cdot A}}$$

$$c_w = \frac{F_L}{\varrho/2 \cdot A \cdot v^2}$$

$$W_L = F_L \cdot s$$

$$F_L = \frac{W_L}{s} \qquad s = \frac{W_L}{F_L}$$

$$P_L = \frac{F_L \cdot v}{1000}$$

$$A \approx 0{,}8 \cdot b \cdot h$$

Steigung, Steigungswiderstand

F_S Steigungswiderstand in N
G, F_G Gewichtskraft in N
α Steigungswinkel in °
m Fahrzeugmasse in kg
g Fallbeschleunigung 9,81 m/s^2
p Steigung in %
s Weglänge in m (Länge der Steigung)
h Höhenunterschied in m
W_S Steigungswiderstandsarbeit in Nm
P_S Steigungswiderstandsleistung in kW
v Fahrgeschwindigkeit in m/s

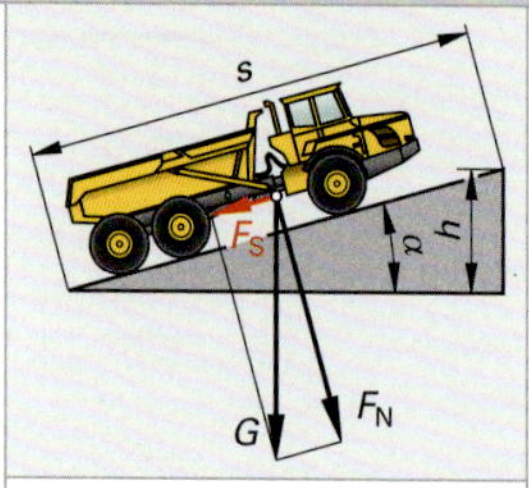

$$\sin\alpha = \frac{h}{s} \qquad p = \frac{h}{b} \cdot 100\,\%$$

Für α kleiner 10° gilt: $h/b \approx h/s$

$$F_S = m \cdot g \cdot \sin\alpha$$

$$F_S = m \cdot g \cdot \frac{h}{s}$$

$$F_S \approx m \cdot g \cdot \frac{p}{100\,\%}$$

$$W_S = F_S \cdot s$$

$$P_S = \frac{F_S \cdot v}{3600}$$

$$v = \frac{3600 \cdot P_S}{F_S}$$

Gesamtfahrwiderstand

F_W Gesamtfahrwiderstand in N
F_R Rollwiderstand in N
F_L Luftwiderstand in N
F_S Steigungswiderstand in N
W_W Fahrwiderstandsarbeit in Nm
s zurückgelegter Weg in m
P_W Fahrwiderstandsleistung in kW
F_W Gesamtfahrwiderstand in N

Bei Steigung

$$F_W = F_R + F_L + F_S$$

Bei Gefälle

$$F_W = F_R + F_L - F_S$$

$$W_W = F_W \cdot s$$

$$P_W = \frac{F_W \cdot v}{3600}$$

$$F_W = \frac{3600 \cdot P_W}{v}$$

Antriebskraft und Antriebsleistung an den Antriebsrädern

F_A Antriebskraft an den Antriebsrädern in N
F_B Beschleunigungskraft in N
F_W Gesamtfahrwiderstand in N
a Beschleunigung in m/s^2
g Erdbeschleunigung 9,81 m/s^2
m Fahrzeuggewicht in kg
m_A Antriebsachslast in kg
v Fahrgeschwindigkeit in m/s
P_W Fahrwiderstandsleistung in kW
P_A Fahrleistung an den Antriebsrädern in kW
P_B Beschleunigungsleistung an den Antriebsrädern in kW
$F_{A\,max}$ maximale Antriebskraft in N
μ_H Haftreibungszahl (Reifen/Fahrbahn)

Bei konstanter Fahrgeschwindigkeit (v = konst.)

$$F_A = F_W \qquad P_A = P_W$$

$$P_A = P_W = \frac{F_W \cdot v}{1000}$$

Bei konstanter Beschleunigung (a = konst.)

$$F_A = F_W + F_B$$

$$P_A = P_W + P_B$$

$$F_B = m \cdot a$$

$$F_{A\,max} = m_A \cdot g \cdot \mu_H$$

Achskräfte, Auflagerkräfte

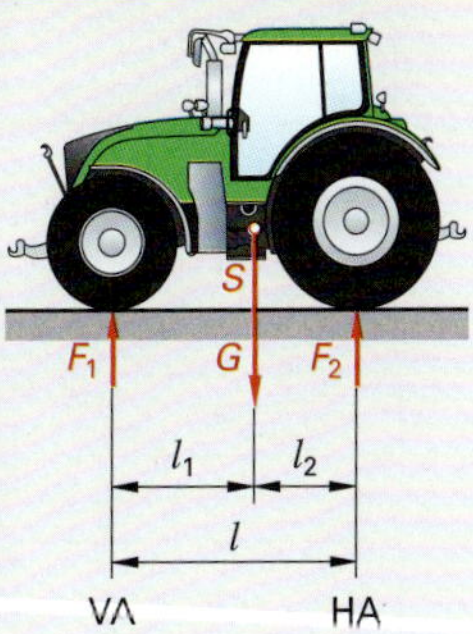

$g = 9{,}81\ m/s^2 \approx 10\ m/s^2$

- G Gewichtskraft des Fahrzeugs in N
- m Fahrzeugmasse in kg
- g Erdbeschleunigung in m/s^2
- l Radstand in mm
- l_1, l_2 Schwerpunktsabstand zu den Achsen in mm
- F_1 Vorderachskraft in N
- F_2 Hinterachskraft in N
- VA Vorderachse
- HA Hinterachse
- S Schwerpunkt

$$G = m \cdot g$$

$$F_1 = \frac{G \cdot l_2}{l}$$

$$F_2 = \frac{G \cdot l_1}{l}$$

$G = F_1 + F_2$

$F_1 = G - F_2$; $F_2 = G - F_1$

$l_1 = \frac{F_2 \cdot l}{G}$ $l_2 = \frac{F_1 \cdot l}{G}$

$l = l_1 + l_2$

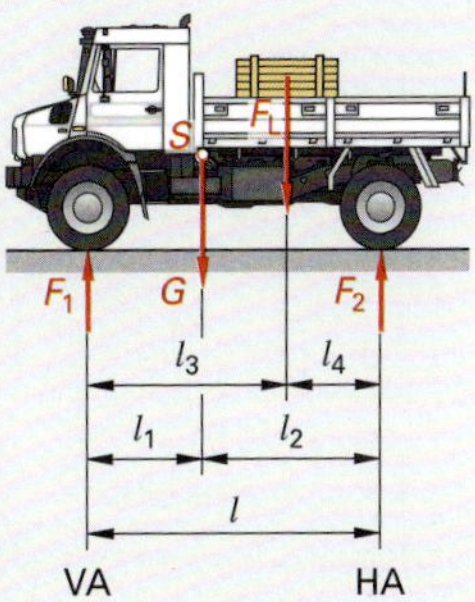

- m Fahrzeugmasse in kg
- G Gewichtskraft des Fahrzeugs in N
- m_1 Last (Ladung, Belastung) in kg
- F_L Gewichtskraft der Last (Zuladung) in N
- l Radstand in mm
- l_1, l_2 Schwerpunktabstand zu den Achsen in mm
- l_3, l_4 Abstand in mm
- F_1 Vorderachskraft in N
- F_2 Hinterachskraft in N

$$F_1 = \frac{F \cdot l_4 + G \cdot l_2}{l}$$

$$F_2 = \frac{F \cdot l_3 + G \cdot l_1}{l}$$

$F + G = F_1 + F_2$

$F_1 = F + G - F_2$

$F_2 = F + G - F_1$

$l = l_1 + l_2 = l_3 + l_4$

$G = m \cdot g$

$F = m_1 \cdot g$

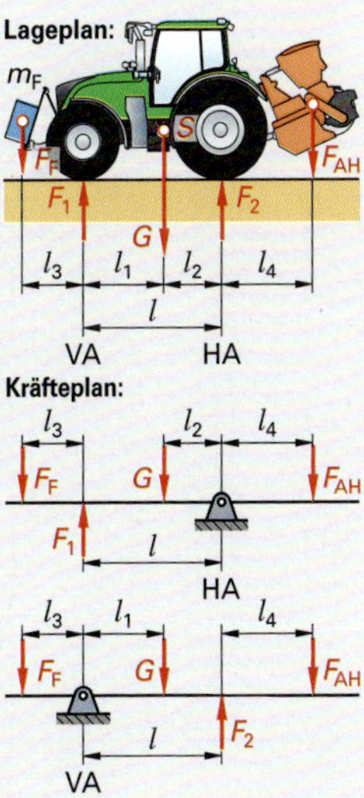

- G Gewichtskraft des Fahrzeugs in N
- m Fahrzeugmasse in kg
- F_{AH} Gewichtskraft der Anhängelast in N
- m_{AH} Gewicht der Anhängelast in kg bzw. Stützlast des Starrdeichselanhängers in kg
- F_F Gewichtskraft des Frontballasts in N
- m_F Gewicht des Frontballasts in kg
- VA Vorderachse
- HA Hinterachse
- l Radstand in mm
- l_1, l_2 Schwerpunktabstand zu den Achsen in mm
- l_3 Abstand Frontballast zur Vorderachse in mm
- l_4 Abstand Anhängelast zur Hinterachse in mm
- F_1 Vorderachskraft in N
- m_1 Achslast Vorderachse in kg
- F_2 Hinterachskraft in N
- m_2 Achslast Hinterachse in kg
- m_{ges} Gesamtgewicht des Fahrzeugs in kg

$$F_1 = \frac{F_F \cdot (l + l_3) + G \cdot l_2 - F_{AH}}{l}$$

$$F_2 = \frac{F_{AH} \cdot (l + l_4) + G \cdot l_1 - F_F}{l}$$

$F_{AH} = m_{AH} \cdot g$

$F_F = m_F \cdot g$

$G + F_{AH} + F_F = F_1 + F_2$

$F_1 = G + F_{AH} + F_F - F_2$

$F_2 = G + F_{AH} + F_F - F_1$

$m_{ges} = m + m_{AH} + m_F$

$m_1 = \frac{F_1}{g} = m_{ges} - m_2$

$m_2 = \frac{F_2}{g} = m_{ges} - m_1$

Übersetzungen der Lenkgetriebe

Kugelumlauf-Lenkgetriebe

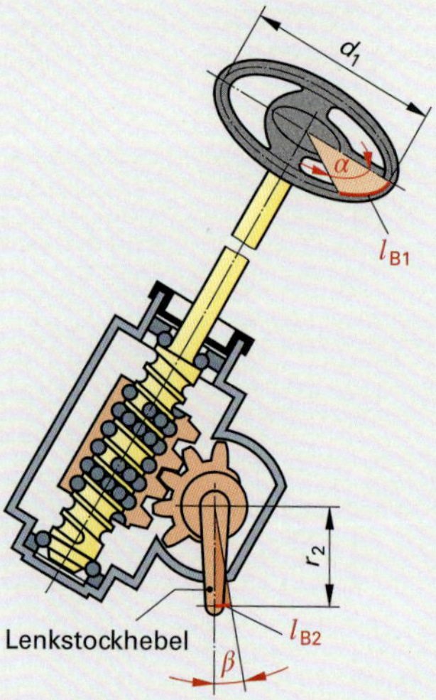

Zahnstangen-Lenkgetriebe

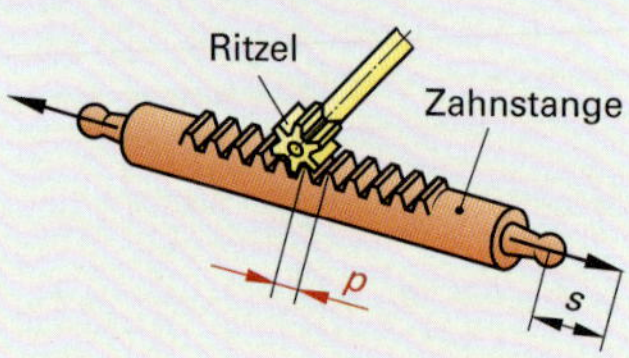

- i_1 Übersetzung des Lenkgetriebes
- α Winkeleinschlag am Lenkrad in °
- β Winkeleinschlag am Lenkstockhebel in °
- l_{B1} Lenkradeinschlag in mm
- d_1 Durchmesser des Lenkrades in mm
- n Umdrehungen am Lenkrad
- l_{B2} Lenkstockhebeleinschlag in mm
- r_2 Hebellänge des Lenkstockhebels in mm
- s Zahnstangenweg in mm
- z Zähnezahl des Ritzels
- p Zahnteilung in mm ($p = m \cdot \pi$)
- m Modul in mm

Gebräuchliche Übersetzungen	
Pkw	$i = 10 \ldots 20$
Lkw	$i = 16 \ldots 32$

Kugelumlauf-Lenkgetriebe

$$i_1 = \frac{\alpha}{\beta}$$

$$\alpha = i_1 \cdot \beta \qquad \beta = \frac{\alpha}{i_1}$$

$$\alpha = \frac{360° \cdot l_{B1}}{\pi \cdot d_1}$$

$$\alpha = 360° \cdot n$$

$$\beta = \frac{360° \cdot l_{B2}}{\pi \cdot 2 \cdot r_2}$$

$$i_1 = \frac{l_{B1} \cdot 2 \cdot r_2}{l_{B2} \cdot d_1}$$

Zahnstangen-Lenkgetriebe

$$i_1 = \frac{l_{B1}}{s}$$

$$i_1 = \frac{\pi \cdot d_1}{z \cdot p}$$

$$i_1 = \frac{d_1}{z \cdot m}$$

Gesamtübersetzung der Lenkung

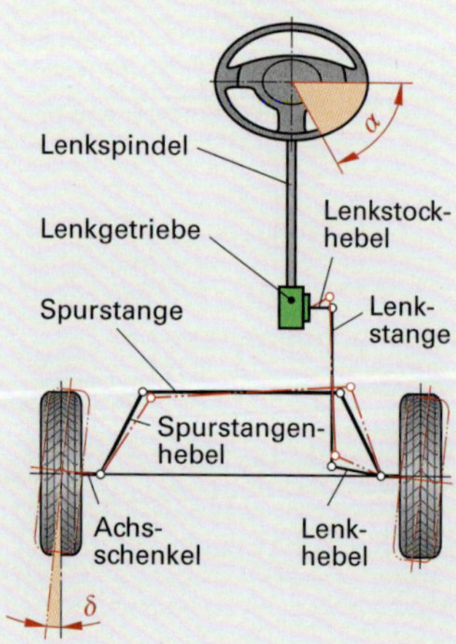

- α Winkeleinschlag am Lenkrad in °
- δ Schwenkwinkel eines Rades in °
- i_1 Übersetzung im Lenkgetriebe
- n Umdrehungen am Lenkrad
- α_{ges} Winkeleinschlag am Lenkrad von Anschlag zu Anschlag in °
- i_2 Übersetzung im Lenkgestänge
- i_{ges} Gesamtübersetzung der Lenkung

$$i_{ges} = \frac{\alpha}{\delta}$$

$$i_{ges} = i_1 \cdot i_2$$

$$\alpha_{ges} = 360° \cdot n$$

$$i_{ges} = \frac{\alpha_{ges}}{\delta_{ges}}$$

$$i_{ges} = \frac{360° \cdot n}{\delta_{ges}}$$

Mechanische Übersetzung am Bremspedal

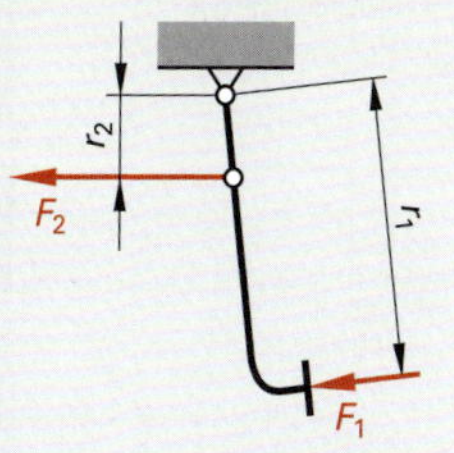

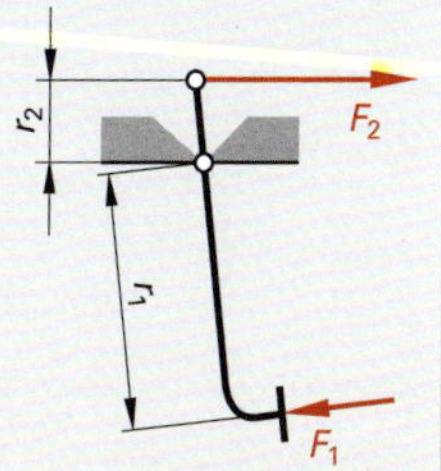

$F_1 = F_P$ Fußkraft in N

$F_2 = F_{HZ}$ Kolbenstangenkraft (Hauptzylinder-Kolbenkraft) in N

r_1, r_2 Hebelarme am Bremspedal in mm

i_{mec} mechanische Übersetzung am Bremspedal

$$F_1 \cdot r_1 = F_2 \cdot r_2$$

$$F_1 = \frac{F_2 \cdot r_2}{r_1} \qquad F_2 = \frac{F_1 \cdot r_1}{r_2}$$

$$r_1 = \frac{F_2 \cdot r_2}{F_1} \qquad r_2 = \frac{F_1 \cdot r_1}{F_2}$$

$$i_{mec} = \frac{F_1}{F_2} = \frac{F_P}{F_{HZ}}$$

$$i_{mec} = \frac{r_2}{r_1}$$

$$F_2 = \frac{F_1}{i_{mec}} \qquad F_1 = f_2 \cdot i_{mec}$$

$$r_1 = \frac{r_2}{i_{mec}} \qquad r_2 = r_1 \cdot i_{mec}$$

Leitungsdruck und Spannkraft

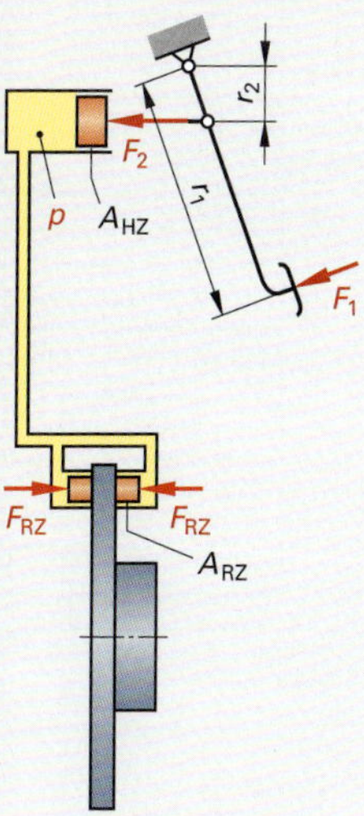

$$1\ \text{bar} = 10\ \frac{N}{cm^2}$$

$$1\ \frac{N}{cm^2} = 0{,}1\ \text{bar}$$

p Leitungsdruck in N/cm²

$F_1 = F_P$ Fußkraft (Bremspedal) in N

$F_2 = F_{HZ}$ Kolbenstangenkraft in N

F_{RZ} Spannkraft eines Radzylinderkolbens
an einem Vorderrad $F_{RZ,V}$ in N
an einem Hinterrad $F_{RZ,H}$ in N

A_{HZ} Kolbenfläche im Hauptzylinder in cm²

A_{RZ} Kolbenfläche eines Radzylinderkolbens
an der Vorderachse $A_{RZ,V}$ in cm²
an der Hinterachse $A_{RZ,H}$ in cm²

d_{HZ} Durchmesser des Hauptzylinders in cm

d_{RZ} Durchmesser eines Radzylinders
an der Vorderachse $d_{RZ,V}$ in cm
an der Hinterachse $d_{RZ,H}$ in cm

i_{mec} mechanische Übersetzung am Bremspedal

r_1, r_2 Hebelarme am Bremspedal in mm

$$\mathbf{10\ \frac{N}{cm^2} = 1\ bar}$$

$$p = \frac{F_{HZ}}{A_{HZ}}$$

$$F_{HZ} = p \cdot A_{HZ}$$

$$A_{HZ} = \frac{F_{HZ}}{p}$$

$$F_{HZ} = \frac{F_1}{i_{mec}}$$

$$p = \frac{F_1}{A_{HZ} \cdot i_{mec}}$$

$$p = \frac{F_1 \cdot r_1}{A_{HZ} \cdot r_2}$$

$$F_{RZ} = p \cdot A_{RZ}$$

$$p = \frac{F_{RZ}}{A_{RZ}}$$

$$F_{RZ} = \frac{F_{HZ} \cdot A_{RZ}}{A_{HZ}}$$

$$F_{RZ} = \frac{F_{HZ} \cdot d_{RZ}^2}{d_{HZ}^2}$$

$$F_{HZ} = \frac{F_{RZ} \cdot d_{HZ}^2}{d_{RZ}^2}$$

Pneumatische Verstärkung (Übersetzung)

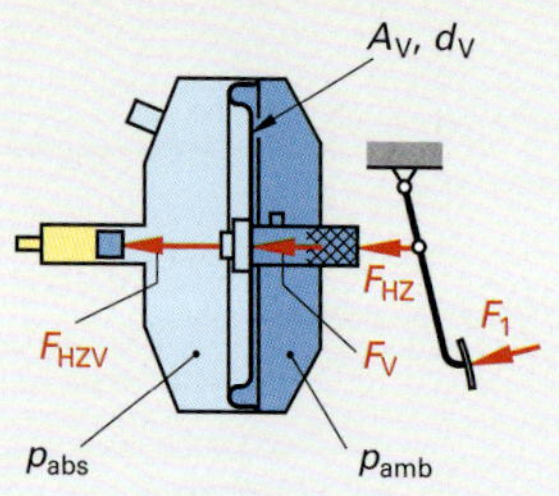

$p_{abs} < p_{amb}$

$$100\ \text{hPa} = 1\ \frac{\text{N}}{\text{cm}^2}$$

- F_{HZ} Kolbenstangenkraft in N
- F_V Verstärkerkraft in N
- F_{HZV} verstärkte Kolbenstangenkraft in N
- A_V Fläche des Verstärkerkolbens (Membran) in cm^2
- d_V Durchmesser des Verstärkerkolbens in cm
- i_{pn} pneumatische Übersetzung des Bremskraftverstärkers
- p_{abs} absoluter Druck in der Vakuumkammer in N/cm^2
- p_{amb} atmosphärischer Druck in der atmosphärischen Kammer in N/cm^2
- Δp wirksame Druckdifferenz in N/cm^2
- v Verstärkungsfaktor des Bremskraftverstärkers

$$F_V = \Delta p \cdot A_V$$

$$F_{HZV} = F_{HZ} + F_V$$

$$F_{HZV} = F_{HZ} + \Delta p \cdot A_V$$

$$i_{pn} = \frac{F_{HZ}}{F_{HZV}}$$

$$\Delta p = p_{amb} - p_{abs}$$

$$p_{abs} = p_{amb} - \Delta p$$

$$v = \frac{1}{i_{pn}}$$

Hydraulische Übersetzung

Formelzeichen vergl. DIN 74 250

Wegen der verschieden großen Radzylinder an Vorder- (V) und Hinterachse (H) sind die hydraulischen Übersetzungen getrennt zu berechnen.

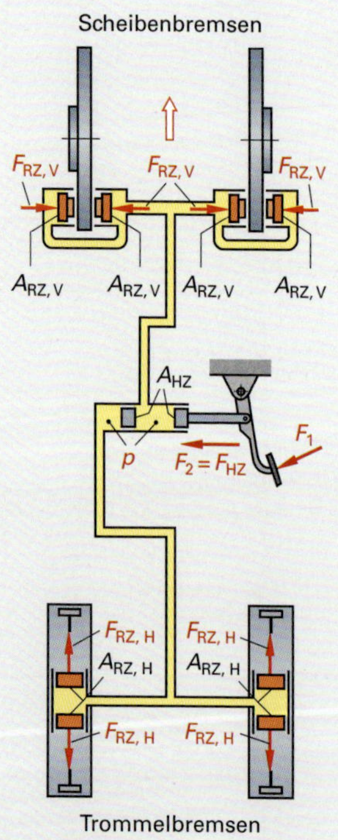

- i_{hyd} hydraulische Übersetzung zur Vorderachse $i_{hyd,V}$ zur Hinterachse $i_{hyd,H}$
- $i_{hyd,E}$ hydraulische Einzelübersetzung zu einem Radzylinder der Vorderachse $i_{hyd,E,V}$ der Hinterachse $i_{hyd\,E,H}$
- F_{HZ} Hauptzylinder-Kolbenkraft (Kolbenstangenkraft) in N
- F_{RZ} Spannkraft eines Radzylinderkolbens der Vorderachse $F_{RZ,V}$ in N der Hinterachse $F_{RZ,H}$ in N
- F_S Summe der Spannkräfte der Radzylinderkolben der Vorderachse $F_{S,V}$ in N der Hinterachse $F_{S,H}$ in N
- A_{HZ} Kolbenfläche des Hauptzylinders in cm^2
- A_{RZ} Kolbenfläche eines Radzylinders der Vorderachse $A_{RZ,V}$ in cm^2 der Hinterachse $A_{RZ,H}$ in cm^2
- A_S Summe der Kolbenflächen der Radzylinder der Vorderachse $A_{S,V}$ in cm^2 der Hinterachse $A_{S,H}$ in cm^2
- K Anzahl der Spannkräfte einer Achse
- $K = 4$ Achse mit Simplex-, 2-Zylinder-Festsattel-, Schwimmrahmen-, 1-Zylinder-Faustsattelbremse
- $K = 8$ Achse mit 4-Zylinder-Festsattel-, 2-Zylinder-Faustsattelbremse

$$i_{hyd,E} = \frac{F_{HZ}}{F_{RZ}}$$

$$i_{hyd} = \frac{F_{HZ}}{F_S}$$

$$i_{hyd,E} = \frac{A_{HZ}}{A_{RZ}}$$

$$i_{hyd} = \frac{A_{HZ}}{A_S}$$

$$F_S = K \cdot F_{RZ}$$

$$A_S = K \cdot A_{RZ}$$

$$F_S = \frac{F_{HZ}}{i_{hyd}}$$

$$F_{RZ} = \frac{F_{HZ}}{i_{hyd,E}}$$

$$F_{HZ} = i_{hyd} \cdot F_S = i_{hyd,E} \cdot F_{RZ}$$

$$A_{HZ} = i_{hyd} \cdot A_S = i_{hyd,E} \cdot A_{HZ}$$

$$A_{RZ} = \frac{A_{HZ}}{i_{hyd,E}}$$

$$A_S = \frac{A_{HZ}}{i_{hyd}}$$

Gesamtübersetzung

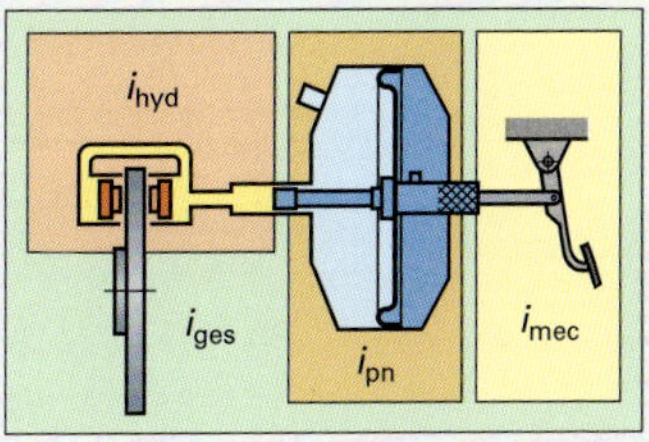

- i_{ges} Gesamtübersetzung zur Vorderachse i_V zur Hinterachse i_H
- i_{mec} mechanische Übersetzung am Bremspedal
- i_{pn} pneumatische Übersetzung im Bremskraftverstärker
- i_{hyd} hydraulische Übersetzung der Bremse zur Vorderachse $i_{hyd,V}$ zur Hinterachse $i_{hyd,H}$

- F_1 Fußkraft am Bremspedal in N
- F_S Summe der Spannkräfte an der Vorderachse $F_{S,V}$ in N, der Hinterachse $F_{S,H}$ in N
- F_{RZ} Spannkraft an einem Radzylinderkolben der Vorderachse $F_{RZ,V}$ in N, der Hinterachse $F_{RZ,H}$ in N
- K Anzahl der Spannkräfte einer Achse

$$i_{ges} = i_{mec} \cdot i_{pn} \cdot i_{hyd}$$

$$i_{ges} = \frac{F_1}{F_S}$$

$$F_S = \frac{F_1}{i_{mec} \cdot i_{pn} \cdot i_{hyd}}$$

$$F_{RZ} = \frac{F_S}{K} = \frac{F_1}{K \cdot i_{ges}}$$

$$F_S = K \cdot F_{RZ}$$

$$F_1 = i_{ges} \cdot F_{RZ} \cdot K$$

$$F_1 = i_{ges} \cdot F_S$$

Umfangskraft, Spannkraft an der Scheibenbremse

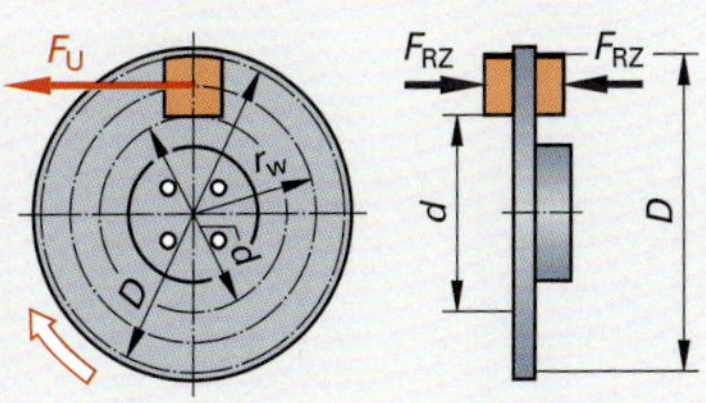

- F_U Umfangskraft am wirksamen Umfang der Bremsscheibe in N
- F_{RZ} Spannkraft eines Bremszylinderkolbens in N
- K_R Anzahl der Spannkräfte einer Radbremse
- μ_G Gleitreibungszahl
- r_w wirksamer Halbmesser der Bremsscheibe in mm
- D Außendurchmesser Reibfläche der Bremsscheibe in mm
- d Innendurchmesser Reibfläche der Bremsscheibe in mm

$$F_U = K_R \cdot \mu_G \cdot F_{RZ}$$

$$F_{RZ} = \frac{F_U}{K_R \cdot \mu_G}$$

$$r_w = \frac{D + d}{4}$$

Umfangskraft an der Trommelbremse

Die Selbstverstärkung bzw. innere Übersetzung der Trommelbremse wird durch den Bremsenkennwert C berücksichtigt.

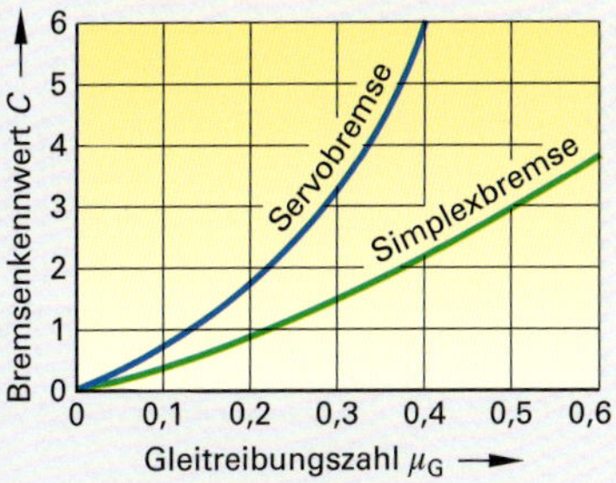

Bremsenkennwertdiagramm

- F_U Umfangskraft an der Bremstrommel in N
- F_{RZ} Spannkraft eines Radzylinderkolbens in N
- C Bremsenkennwert wird nach Bauart der Bremse und Gleitreibungszahl aus Diagramm bestimmt

$$F_U = C \cdot F_{RZ}$$

$$F_{RZ} = \frac{F_U}{C}$$

$$C = \frac{F_U}{F_{RZ}}$$

Bremsmoment, Bremskraft am Rad

Die größtmögliche übertragbare Bremskraft $F_{BR,\,max}$ eines Rades auf die Fahrbahn, ohne dass Blockieren eintritt, ist gleich der Haftreibungskraft F_{HR}.

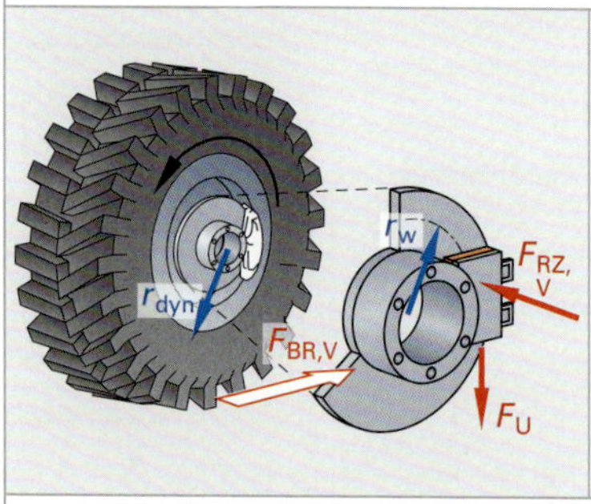

M_{BR} Bremsmoment am Rad in Nm

F_U Umfangskraft am wirksamen Halbmesser der Bremsscheibe bzw. Innenhalbmesser der Bremstrommel in N

r_w wirksamer Halbmesser der Bremsscheibe bzw. Innenhalbmesser der Brems trommel in m

F_{BR} Bremskraft am dynamischen Halbmesser des Reifens in N

U_{dyn} Abrollumfang eines Rades in m

r_{dyn} dynamischer Reifenhalbmesser in m

F_{HR} Haftreibungskraft eines Rades in N

G_R Radaufstandskraft (Radlast) in N

μ_H Haftreibungszahl zwischen Reifen/Fahrbahn

$F_{BR,\,max}$ größtmögliche Bremskraft eines Rades kurz vor der Blockiergrenze in N

$$M_{BR} = F_U \cdot r_w$$

$$M_{BR} = F_{BR} \cdot r_{dyn}$$

$$F_U \cdot r_w = F_{BR} \cdot r_{dyn}$$

$$F_{BR} = \frac{F_U \cdot r_w}{r_{dyn}}$$

$$F_U = \frac{F_{BR} \cdot r_{dyn}}{r_w}$$

$$F_U = \frac{M_{BR}}{r_w}$$

$$F_{HR} = \mu_H \cdot G_R = F_{BR,\,max}$$

$$G_R = \frac{F_{HR}}{\mu_H}$$

$$G_R = \frac{F_{BR,\,max}}{\mu_H}$$

$$r_{dyn} = \frac{U_{dyn}}{2 \cdot \pi}$$

Trägheitskraft, Bremskraft

Die Gesamtbremskraft F_B eines Fahrzeugs ergibt sich aus den einzelnen Bremskräften der Räder. Man denkt sie sich am Schwerpunkt angreifend. Sie wirkt der Trägheitskraft F des Fahrzeugs entgegen.

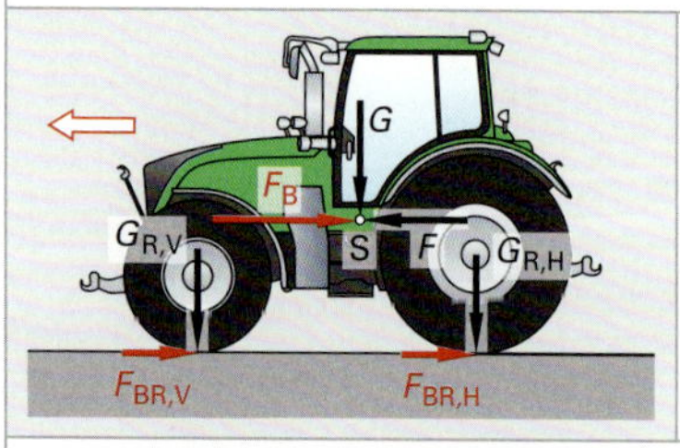

F_B Gesamtbremskraft in N

F_{BR} Radbremskraft an einem Vorderrad ($F_{BR,\,V}$) bzw. einem Hinterrad ($F_{BR,\,H}$) in N

$F_{B,\,max}$ größtmögliche erreichbare Bremskraft in N (Blockiergrenze)

F Trägheitskraft des Fahrzeugs in N

m Fahrzeugmasse in kg

a Verzögerung in m/s²

a_{max} größtmögliche Verzögerung in m/s²

a_m mittlere Verzögerung in m/s²

g Fallbeschleunigung in m/s²

η_T Zeitwirkungsgrad

μ_H Haftreibungszahl zwischen Reifen/Fahrbahn

$$F_B = \Sigma F_{BR}$$
$$F_B = 2\,F_{BR,\,V} + 2\,F_{BR,\,H}$$

$$F = m \cdot a = F_B$$

$$a = \frac{F_B}{m}$$

$$a_{max} = \frac{F_{B,\,max}}{m}$$

$$F_{B,\,max} = \mu_H \cdot m \cdot g$$

$$\eta_T = \frac{a_m}{a_{max}}$$

$$a_m = a_{max} \cdot \eta_T$$

Bremsarbeit, Bremsleistung

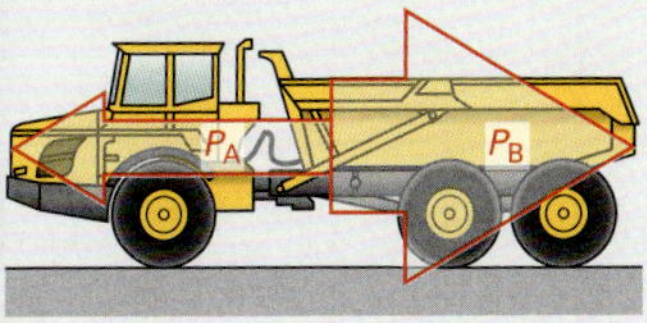

Bremsung bis zum Stillstand auf ebener Fahrbahn

Die Bremsarbeit für eine Bremsung bis zum Stillstand ist gleich der kinetischen Energie des rollenden Fahrzeugs.

1000 W = 1 kW

W_B	Bremsarbeit in Nm oder in J
m	Fahrzeugmasse in kg
v	Geschwindigkeit in m/s
a	Verzögerung in m/s²
s	Bremsweg in m
F_B	Gesamtbremskraft in N
P_B	Bremsleistung in Nm/s oder in W
P_A	Antriebsleistung in Nm/s oder in W
t	Bremszeit in s

$$W_B = F_B \cdot s$$

$$F_B = m \cdot a = \frac{W_B}{s}$$

$$s = \frac{v^2}{2 \cdot a}$$

$$W_B = \frac{m \cdot v^2}{2}$$

$$v = \sqrt{\frac{2 \cdot W_B}{m}}$$

$$P_B = \frac{W_B}{t}$$

$$P_B = \frac{m \cdot v^2}{2 \cdot t}$$

$$t = \frac{v}{a} = \frac{2 \cdot s}{v}$$

Bremsenprüfung, Abbremsung

Beim Rollenprüfstand werden die Bremskräfte am Radumfang der einzelnen Räder durch Abbremsung der einzelnen Räder gemessen.

Die Summe der Bremskräfte der gebremsten Räder wird nach den Richtlinien zur Anlage VIII der StVZO (Bremsenuntersuchungen) auf das zulässige Gesamtgewicht bezogen; das Verhältnis F_B/G ergibt mit 100 multipliziert die **Abbremsung *z* in %**.

z	Abbremsung in %
F_B	Gesamtbremskraft in N
$F_{BR,\,vl}$	Radbremskraft vorn links in N
$F_{BR,\,vr}$	Radbremskraft vorn rechts in N
$F_{BR,\,hl}$	Radbremskraft hinten links in N
$F_{BR,\,hr}$	Radbremskraft hinten rechts in N
G	Gewichtskraft des Fahrzeugs in N (zul. Gesamtgewicht)
g	Fallbeschleunigung in m/s²
a	Bremsverzögerung in m/s²
p_1	Berechnungsdruck in bar
p_2	Eingesteuerter Druck in bar (Blockiergrenze)
0,4	Ansprechdruck in bar

$$F_B = F_{BR,\,vl} + F_{BR,\,vr} + F_{BR,\,hl} + F_{BR,\,hr}$$

Fahrzeuge ohne Druckluftbremse

$$z = \frac{F_B \cdot 100\,\%}{G}$$

$$G = m \cdot g$$

$$z = \frac{a}{g} \cdot 100\,\%$$

$$a = \frac{g \cdot z}{100\,\%}$$

Hochrechnung für Fahrzeug mit Druckluftbremse

$$z = \frac{p_1 - 0{,}4}{p_2 - 0{,}4} \cdot \frac{F_B \cdot 100\,\%}{G}$$

Berechnung an hydraulischen Bremsen (Flussdiagramm)

Fußkraft am Bremspedal

$$F_1 = F_P$$

Hauptzylinder-Kolbenkraft

$$F_{HZ} = F_2 = \frac{F_1 \cdot r_1}{r_2}$$

Durch Bremskraftverstärker verstärkte Hauptzylinder-Kolbenkraft

$$F_{HZ,V} = F_{HZ} + \Delta p \cdot A_V = \frac{F_{HZ}}{i_{pn}}$$

Leitungsdruck

$$p = \frac{F_{HZ}}{A_{HZ}} = \frac{F_1 \cdot r_1}{A_{HZ} \cdot r_2}$$

$$p = \frac{F_{HZ,V}}{A_{HZ}}$$

Spannkraft eines Radzylinderkolbens

$$F_{RZ} = p \cdot A_{RZ}$$

Umfangskraft an der Bremstrommel bzw. Bremsscheibe

Trommelbremse: $F_U = C \cdot F_{RZ}$

Scheibenbremse: $F_U = K_R \cdot \mu_G \cdot F_{RZ}$

Bremsmoment an der Bremstrommel bzw. Bremsscheibe

$$M_{BR} = F_U \cdot r_w$$

$$1\ \mathbf{bar} = 10\ \frac{\mathbf{N}}{\mathbf{cm^2}}$$

Bremskraft am dynamischen Halbmesser des Reifens

$$F_{BR} = \frac{F_U \cdot r_w}{r_{dyn}}$$

Gesamtbremskraft eines Fahrzeugs

$$F_B = 2\,(F_{BR,V} + F_{BR,H})$$

Bremsarbeit

$$W_B = F_B \cdot s$$

Bremsleistung

$$P_B = \frac{W_B}{t}$$

A_{HZ}	Kolbenfläche des Hauptzylinderkolbens in cm^2
A_{RZ}	Radzylinderkolbenfläche an der Vorderachse $A_{RZ,V}$ in cm^2, an der Hinterachse $A_{RZ,H}$ in cm^2
A_V	Fläche des Verstärkerkolbens in cm^2
C	Bremsenkennwert aus Diagramm
$F_1 = F_P$	Fußkraft am Bremspedal in N
F_B	Gesamtbremskraft des Fahrzeugs in N
F_{BR}	Bremskraft am dynamischen Halbmesser des Reifens in N
$F_{BR,V}$	Bremskraft an einem Vorderrad in N
$F_{BR,H}$	Bremskraft an einem Hinterrad in N
$F_{HZ} = F_2$	Hauptzylinder-Kolbenkraft in N
$F_{HZ,V}$	verstärkte Hauptzylinder-Kolbenkraft in N
F_{RZ}	Spannkraft eines Radzylinderkolbens in N
F_U	Umfangskraft an der Bremstrommel bzw. Bremsscheibe in N
i_{pn}	pneumatische Übersetzung des Bremskraftverstärkers
K_R	Anzahl der wirksamen Spannkräfte einer Radbremse
μ_G	Gleitreibungszahl (Belag/Bremse)
M_{BR}	Bremsmoment an der Bremse bzw. am Rad in Nm
P_B	Bremsleistung in Nm/s oder in W
p	Leitungsdruck in N/cm^2
Δp	wirksame Druckdifferenz ($p_{amb} - p_{abs}$) in N/cm^2
r_1, r_2	wirksame Hebelarme am Bremspedal in mm
r_{dyn}	wirksamer Reifenhalbmesser in m
r_w	wirksamer Halbmesser der Bremsscheibe bzw. Innenhalbmesser der Bremstrommel in m
s	Bremsweg in m
t	Bremszeit in s
W_B	Bremsarbeit in J, Nm oder Ws

Ohmsches Gesetz

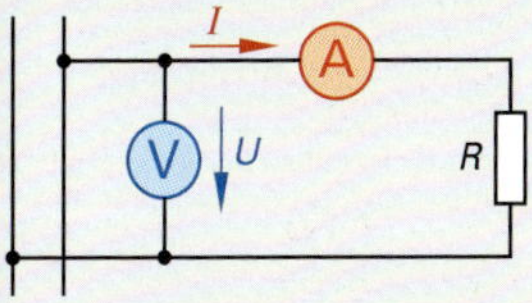

I Stromstärke in A
U Spannung in V
R Widerstand in Ω

1 V = 1 A · 1 Ω

$$R = \frac{U}{I}$$

$$U = I \cdot R$$

$$I = \frac{U}{R}$$

Spezifischer elektrischer Widerstand und elektrische Leitfähigkeit

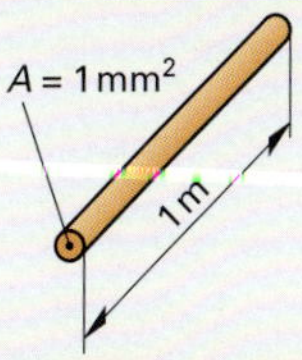

ϱ spezif. elektrischer Widerstand in Ω mm²/m
$\varkappa$ elektrische Leitfähigkeit in m/Ω mm²

$$\varrho = \frac{1}{\varkappa}$$

$$\varkappa = \frac{1}{\varrho}$$

Leiterwiderstand

Werkstoff (bei 20 °C)	ϱ $\frac{\Omega\,mm^2}{m}$	$\varkappa$ $\frac{m}{\Omega\,mm^2}$
Aluminium	0,0278	36
Eisen	0,13	7,7
Gold	0,022	45,45
Konstantan	0,49	2,04
Kupfer	0,0178	56
Manganin	0,43	2,33
CuZn-Leg.	0,07	14,3
Nickel	0,095	10,5
Platin	0,098	10,2
Silber	0,0167	60
Wolfram	0,055	18,2

R Widerstand in Ω
l Leiterlänge in m
ϱ spezif. elektrischer Widerstand in Ω mm²/m
A Leiterquerschnittsfläche in mm²
$\varkappa$ elektrische Leitfähigkeit in m/Ω mm²
d Leiterdurchmesser in mm

$$R = \frac{\varrho \cdot l}{A}$$

$$\varrho = \frac{A \cdot R}{l} \qquad l = \frac{A \cdot R}{\varrho}$$

$$A = \frac{\varrho \cdot l}{R} \qquad d = \sqrt{\frac{4 \cdot A}{\pi}}$$

$$R = \frac{l}{\varkappa \cdot A}$$

Widerstand und Temperatur

Werkstoff	α 1/K
Aluminium (99,5 %)	0,0040
Eisen (rein)	0,0066
Gold	0,0037
Kupfer (99,5 %)	0,0039
Nickel (99,5 %)	0,0055
Platin	0,0038
Silber	0,0038
Wolfram	0,0044
Zink	0,0042
Zinn	0,0045

ΔR Widerstandsänderung in Ω
α Temperaturbeiwert in 1/K
ΔT Temperaturänderung in K
R_k Kaltwiderstand in Ω
R_w Warmwiderstand in Ω

$$\Delta R = \alpha \cdot R_k \cdot \Delta T$$

$$R_w = R_k \cdot (1 + \alpha \cdot \Delta T)$$

$$\Delta T = \frac{R_w - R_k}{R_k \cdot \alpha}$$

Stromdichte

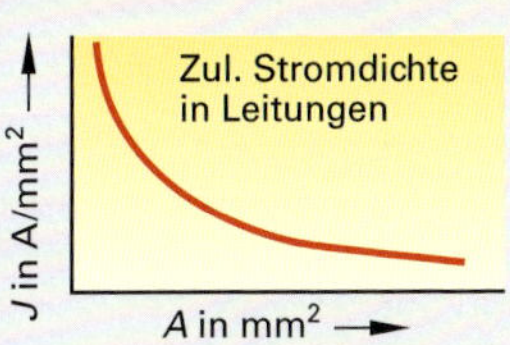

J Stromdichte in A/mm²
I Stromstärke in A
A Leiterquerschnittfläche in mm²

$$J = \frac{I}{A}$$

$$A = \frac{I}{J}$$

$$I = J \cdot A$$

Spannungsfall in Leitungen

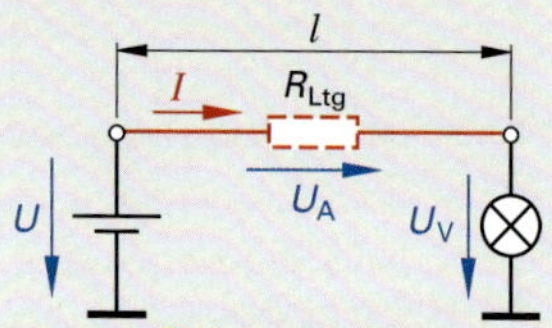

Einleitungssystem

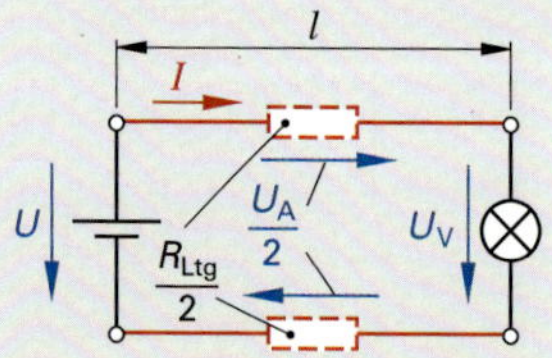

Zweileitungssystem

U_a	Spannungsfall in V
U	Klemmenspannung in V
U_V	Spannung am Verbraucher in V
I	Stromstärke in A
R_{Ltg}	Leitungswiderstand in Ω
ϱ	spez. elektr. Widerstand in Ω mm²/m
l	Leiterlänge in m
A	Leiterquerschnittfläche in mm²

$$U_a = I \cdot R_{Ltg}$$

Einleitungssystem

$$U_a = \frac{I \cdot \varrho \cdot l}{A}$$

Zweileitungssystem

$$U_a = \frac{I \cdot \varrho \cdot 2 \cdot l}{A}$$

$$U_V = U - U_a$$

Leitungsberechnung

U_a	Spannungsfall in V
I	Stromstärke in A
ϱ	spez. elektr. Widerstand in Ω mm²/m
R_{Ltg}	Leitungswiderstand in Ω
A	Leiterquerschnittfläche in mm²
l	Leitungslänge in m

$$U_a = I \cdot R_{Ltg}$$

$$A = \frac{I \cdot \varrho \cdot l}{U_a}$$

$$l = \frac{A \cdot U_a}{I \cdot \varrho}$$

Schaltung von Widerständen

Reihenschaltung

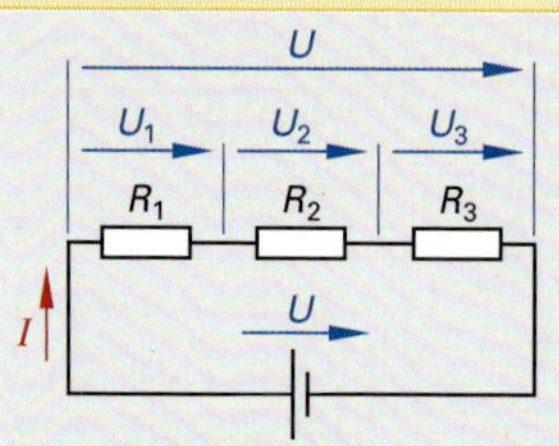

I, I_1, I_2, I_3	Stromstärke in A
U, U_1, U_2, U_3	Spannung in V
R, R_1, R_2, R_3	Widerstand in Ω

$$I = I_1 = I_2 = I_3 = \ldots$$

$$U = U_1 + U_2 + U_3 + \ldots$$

$$R = R_1 + R_2 + R_3 + \ldots$$

Parallelschaltung

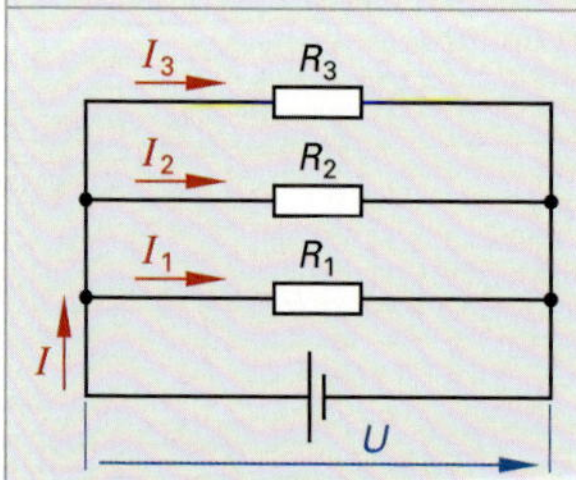

n gleiche Widerstände

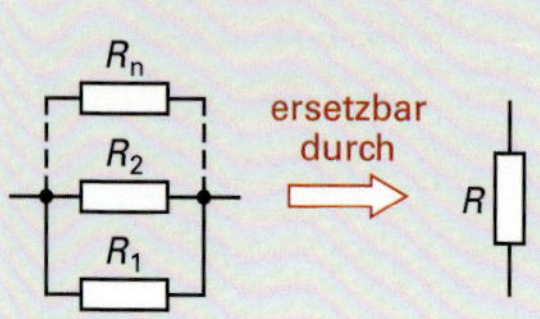

I, I_1, I_2, I_3	Stromstärke in A
U, U_1, U_2, U_3	Spannung in V
R, R_1, R_2, R_3	Widerstand in Ω
n	Zahl der gleichen Widerstände

$$U = U_1 = U_2 = U_3 = \ldots$$

$$I = I_1 + I_2 + I_3 + \ldots$$

$$\frac{1}{R} = \frac{1}{R_1} + \frac{1}{R_2} + \frac{1}{R_3} + \ldots$$

Für 2 parallele Widerstände

$$R = \frac{R_1 \cdot R_2}{R_1 + R_2}$$

Für n gleiche Widerstände

$$R = \frac{R_1}{n}$$

Elektrische Leistung

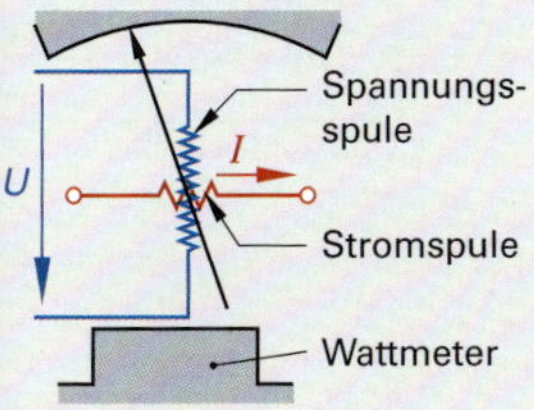

- P Leistung in W
- U Spannung in V
- I Stromstärke in A
- R Widerstand in Ω

1 W = 1 V · 1 A = 1 J/s
1 W = 1 Nm/s

$$P = U \cdot I$$

$$U = \frac{P}{I} \qquad I = \frac{P}{U}$$

$$P = I^2 \cdot R$$

$$P = \frac{U^2}{R}$$

Elektrische Arbeit

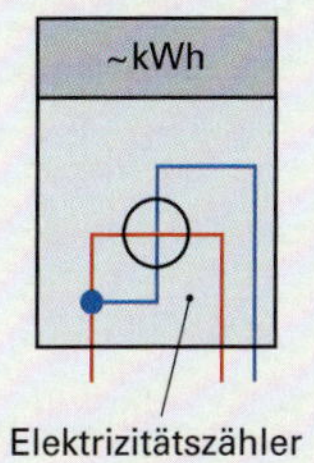

- W Arbeit in Ws, Wh, kWh
- P Leistung in W, kW
- U Spannung in V
- I Stromstärke in A
- t Zeit in s, h

1 Ws = 1 V · 1 A · 1 s
1 Ws = 1 J = 1 Nm
3 600 000 Ws = 1 kWh

$$W = P \cdot t$$

$$P = \frac{W}{t} \qquad t = \frac{W}{P}$$

$$W = U \cdot I \cdot t$$

Wirkungsgrad, Leistungsverlust

- η Wirkungsgrad
- η_1, η_2 Einzelwirkungsgrade
- P_{zu} zugeführte Leistung in W, kW
- P_{ab} abgegebene Leistung in W, kW
- P_V Verlustleistung in W, kW

$$\eta = \frac{P_{ab}}{P_{zu}}$$

$$P_{zu} = \frac{P_{ab}}{\eta} \qquad P_{ab} = \eta \cdot P_{zu}$$

$$\eta = \eta_1 \cdot \eta_2 \ldots$$

$$P_V = P_{zu} - P_{ab}$$

Spannungsteiler

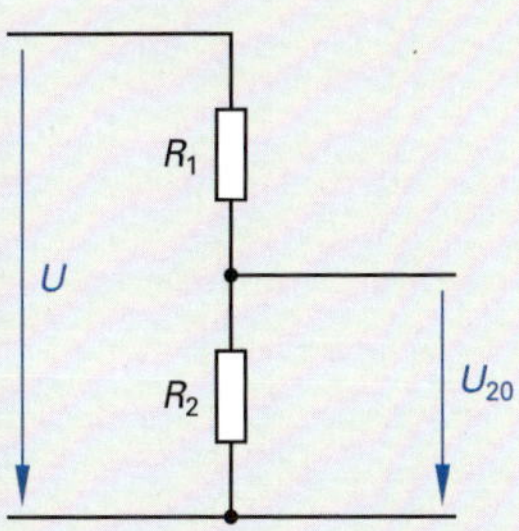

Unbelasteter Spannungsteiler

- R_1 Teilwiderstand in Ω
- R_2 Teilwiderstand in Ω
- $R_1 + R_2$ Gesamtwiderstand in Ω
- U Gesamtspannung in V
- U_{20} Teilspannung in V

$$U_{20} = \frac{R_2}{R_1 + R_2} \cdot U$$

$$R_1 = R_2 \cdot \left(\frac{U}{U_{20}} - 1\right)$$

$$R_2 = \frac{R_1}{\frac{U}{U_{20}} - 1}$$

Batterie (Akkumulator)

Kapazität

12 V 36 Ah

- K Kapazität in Ah
- I Stromstärke in A
- t Zeit in h

$$K = I \cdot t$$

$$I = \frac{K}{t} \qquad t = \frac{K}{I}$$

Amperestundenwirkungsgrad

Ladung	Entladung
Ladestrom I_1	Entladestrom I_2
Ladezeit t_1	Entladezeit t_2

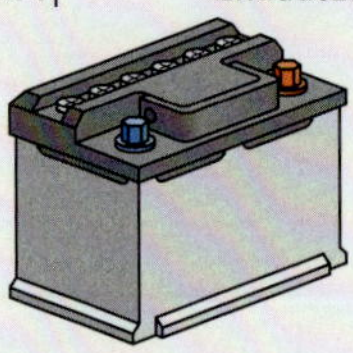

- η_{Ah} Amperestundenwirkungsgrad
- K_1, K_2 Lade- bzw. Entladekapazität in Ah
- I_1, I_2 Lade- bzw. Entladestrom in A
- t_1, t_2 Lade- bzw. Entladezeit in h

$$\eta_{Ah} = \frac{K_2}{K_1}$$

$$K_1 = I_1 \cdot t_1 \qquad K_2 = I_2 \cdot t_2$$

$$\eta_{Ah} = \frac{I_2 \cdot t_2}{I_1 \cdot t_1}$$

$$K_1 = \frac{K_2}{\eta_{Ah}} \qquad K_2 = K_1 \cdot \eta_{Ah}$$

Wattstundenwirkungsgrad

- η_{Wh} Wattstundenwirkungsgrad
- U_1, U_2 Lade- bzw. Entladespannung in V
- I_1, I_2 Lade- bzw. Entladestrom in A
- t_1, t_2 Lade- bzw. Entladezeit in h
- W_1, W_2 Lade- bzw. Entladeenergie in Wh
- K_1, K_2 Lade- bzw. Entladekapazität in Ah

$$\eta_{Wh} = \frac{W_2}{W_1} \qquad \eta_{Wh} = \frac{U_2 \cdot K_2}{U_1 \cdot K_1}$$

$$\eta_{Wh} = \frac{U_2 \cdot I_2 \cdot t_2}{U_1 \cdot I_1 \cdot t_1}$$

Klemmenspannung und Innenwiderstand

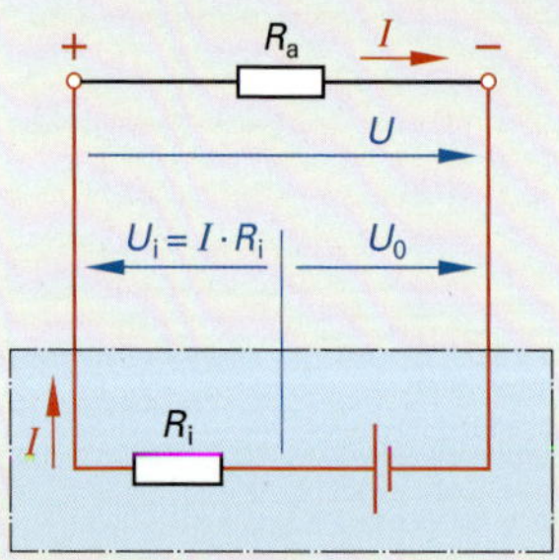

- U Klemmenspannung in V
- U_0 Leerlaufspannung in V
- U_i innerer Spannungsfall in V
- I Stromstärke in A
- I_k Kurzschlussstrom in A
- R_i Innenwiderstand in Ω
- R_a Belastungswiderstand in Ω

$$U = U_0 - I \cdot R_i$$

$$U = I \cdot R_a$$

$$U_0 = I \cdot (R_a + R_i)$$

$$I = \frac{U_0}{R_a + R_i}$$

$$I_k = \frac{U_0}{R_1}$$

Transformator

- U_1 Primärspannung in V
- I_1 Primärstrom in A
- N_1 Primärwindungszahl
- U_2 Sekundärspannung in V
- I_2 Sekundärstrom in A
- N_2 Sekundärwindungszahl
- n Übersetzungsverhältnis

$$\frac{U_1}{U_2} = \frac{N_1}{N_2}$$

$$\frac{I_1}{I_2} = \frac{N_2}{N_1}$$

$$n = \frac{U_1}{U_2} = \frac{I_2}{I_1} = \frac{N_1}{N_2}$$

$$U_1 = U_2 \cdot \frac{N_1}{N_2} \qquad U_2 = U_1 \cdot \frac{N_2}{N_1}$$

$$N_1 = N_2 \cdot \frac{U_1}{U_2} \qquad N_2 = N_1 \cdot \frac{U_2}{U_1}$$

$$I_1 = I_2 \cdot \frac{N_2}{N_1} \qquad I_2 = I_1 \cdot \frac{N_1}{N_2}$$

$$N_1 = N_2 \cdot \frac{I_2}{I_1} \qquad N_2 = N_1 \cdot \frac{I_1}{I_2}$$

Wechselstrom

Frequenz, Kreisfrequenz

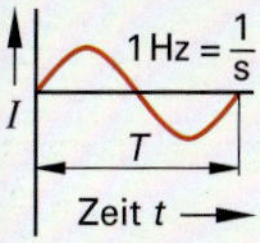

f Frequenz in Hz (Hertz) bzw. 1/s
T Periodendauer in s
ω Kreisfrequenz in 1/s

$$1\ \mathrm{Hz} = \frac{1}{\mathrm{s}}$$

$$f = \frac{1}{T}$$

$$\omega = 2 \cdot \pi \cdot f$$

Scheitelwert, Effektivwert

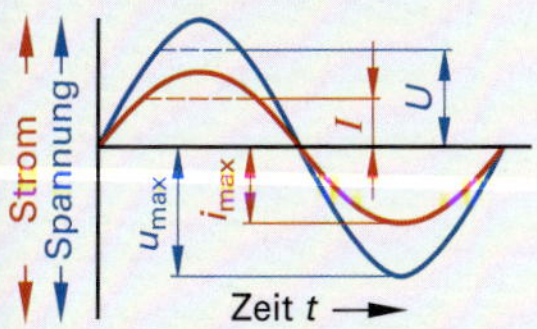

U Effektivwert der Spannung in V
I Effektivwert des Stromes in A
u_{max} Scheitelwert der Spannung in V
i_{max} Scheitelwert des Stromes in A

$$I = \frac{i_{max}}{\sqrt{2}}$$

$$U = \frac{U_{max}}{\sqrt{2}}$$

Induktiver Blindwiderstand

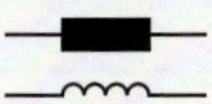

X_L induktiver Blindwiderstand in Ω
ω Kreisfrequenz in 1/s
L Induktivität der Spule in H

$$1\ \mathrm{H} = 1\ \Omega \cdot 1\ \mathrm{s}$$

$$X_L = \omega \cdot L$$

Kapazitiver Blindwiderstand

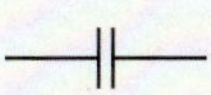

X_C kapazitiver Blindwiderstand in Ω
ω Kreisfrequenz in 1/s
C Kapazität des Kondensators in F

$$1\ \mathrm{F} = \frac{1\ \mathrm{s}}{1\ \Omega}$$

$$X_C = \frac{1}{\omega \cdot C}$$

Scheinleistung, Wirkleistung und Blindleistung

Der Leistungsfaktor cos φ gibt an, wie viel Prozent der Scheinleistung als Wirkleistung vorhanden sind.

S Scheinleistung in VA
P Wirkleistung in W
U Spannung in V
I Stromstärke in A
$\cos\varphi$ Leistungsfaktor

$$S = U \cdot I \qquad P = U_R \cdot I_R$$

$$\cos\varphi = \frac{P}{S}$$

Sternschaltung bei symmetrischer (gleichmäßiger) ohmscher Belastung

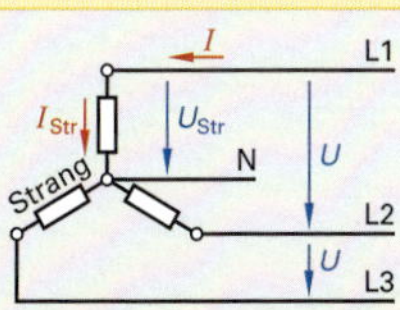

I Leiterstrom in A
I_{Str} Strangstrom in A
U Leiterspannung in V
U_{Str} Strangspannung in V

$$I_{Str} = I$$

$$U_{Str} = \frac{U}{\sqrt{3}}$$

Dreieckschaltung bei symmetrischer (gleichmäßiger) ohmscher Belastung

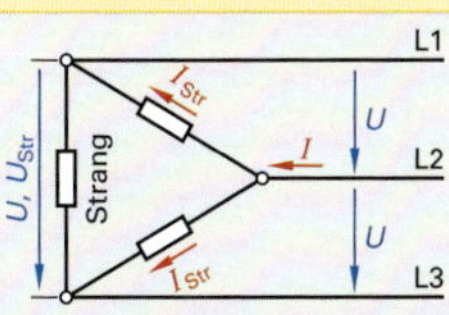

I Leiterstrom in A
I_{Str} Strangstrom in A
U Leiterspannung in V
U_{Str} Strangspannung in V

$$I_{Str} = \frac{I}{\sqrt{3}}$$

$$U_{Str} = U$$

Elektronische Bauelemente

NPN-Transistor

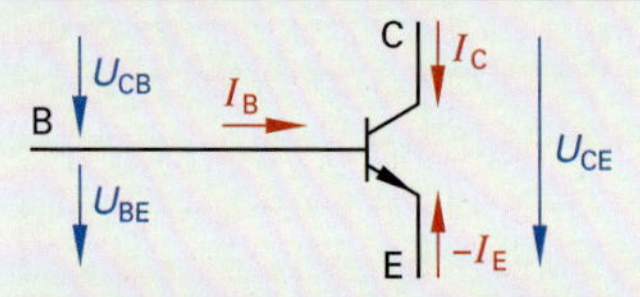

PNP-Transistor

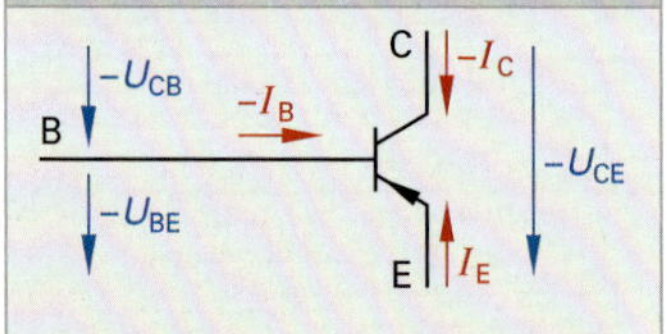

U_{CE} Kollektor-Emitter-Spannung in V
U_{BE} Basis-Emitter-Spannung in V
U_{CB} Kollektor-Basis-Spannung in V
I_B Basisstrom in mA
I_C Kollektorstrom in mA
I_E Emitterstrom in mA
P_V Verlustleistung in W
B Gleichstromverstärkung

$$U_{CE} = U_{BE} + U_{CB}$$

$$I_E = I_C + I_B$$

$$P_V \approx U_{CE} \cdot I_C$$

$$B = \frac{I_C}{I_B}$$

Winkel und Zeiten beim Zündvorgang

γ Zündabstand in ° a. d. Kurbelwelle
α Schließwinkel in ° a. d. Kurbelwelle
β Öffnungswinkel in ° a. d. Kurbelwelle
α_p Schließwinkel in %
n Motordrehzahl in 1/min
t_D Zeit zwischen 2 Zündfunken in s
t_S Schließzeit in s
$t_Ö$ Öffnungszeit in s
z Zylinderzahl
z_F Summe der Zündfunken pro Minute in 1/min

$$\gamma = \alpha + \beta$$

$$\gamma = \frac{720°}{z}$$

$$z_F = \frac{n \cdot z}{2}$$

$$t_D = \frac{\gamma}{6 \cdot n}$$

$$t_S = \frac{\alpha}{6 \cdot n}$$

$$t_Ö = \frac{\beta}{6 \cdot n}$$

$$t_D = t_S + t_Ö$$

$$\alpha_p = \frac{\alpha \cdot z}{7{,}2}$$

Pulsweitenmodulation (PWM)

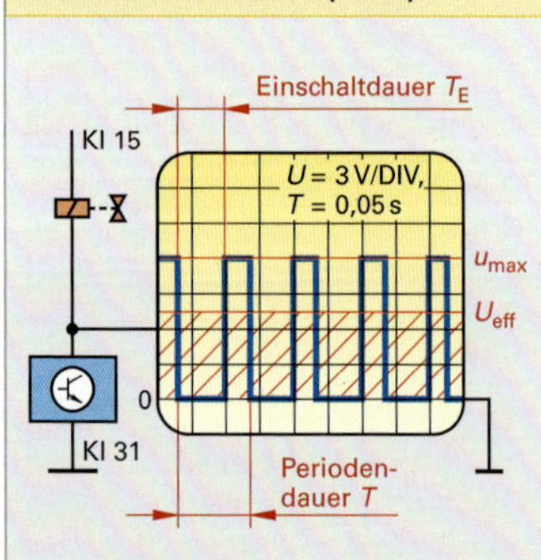

T Periodendauer in s
T_E Einschaltdauer in s
T_A Ausschaltdauer in s
V_T Tastverhältnis in %
f Frequenz in Hz (Hertz) bzw. 1/s
U_{eff} Effektivwert der Spannung in V
u_{max} Höchstwert der Spannung in V

$$T = T_E + T_A$$

$$V_T = \frac{T_E}{T} \cdot 100\ \%$$

$$f = \frac{1}{T}$$

$$U_{eff} = u_{max} \cdot \sqrt{\frac{T_E}{T}}$$

Datenübertragung

1 Byte* = 8 Bit

Die Datenübertragungsrate bzw. -geschwindigkeit wird in Baud (Abkürzung: Bd) angegeben.
1 Baud** (Bd) = 1 Bit/s

n Anzahl der zur Verfügung stehenden Bits zur Datenübertragung
b_r Datenübertragungsrate bzw. -geschwindigkeit in Bd oder Bit/s
t_{bit} Zeit für die Übertragung eines Bit (Bitzeit) in s

Anzahl der Informationen = 2^n (Bitwertigkeit

$$t_{bit} = \frac{1}{b_r}$$

$$b_r = \frac{1}{t_{bit}}$$

A

B

C

D

E

F

G

H

I

K

L